地方志災異資料叢刊

第二編

5

于春媚　賈貴榮　編

國家圖書館出版社

第五冊目録

【嘉慶】昌樂縣志

（清）魏禮焯、時銘修　（清）閻學夏、黃方遠纂

清嘉慶十四年（1809）刻本

昌樂縣志卷一

總紀上

司馬遷作史記立帝紀以開先見天下大統其來有自若偏隅小縣何總紀之有然自建國以來昌樂肇焉時有古今地無廣狹要皆視天時人事爲推遷故有關於邑者事無鉅細必載吏無賢愚必書失考者闕焉自周己卯迄於有明爲一卷

國朝爲一卷凡以求與立不朽云爾作總紀

己卯 周武王十有三年夏四月封師尚父於齊都營邱

按營邱故城即太公始封地歷六世始遷都臨淄

己丑 成王四年滅奄遷其君於薄姑以益齊封命太公得
專征伐
按史記太公卒子丁公呂伋立丁公卒子乙公得立
乙公卒子癸公慈母立癸公卒子哀公不辰立哀公
時紀侯譖之於周周烹哀公而立其弟靜是爲胡公
徙都薄姑通鑑作蒲姑

辛丑 厲王十有九年齊哀公母弟山率營邱人襲殺胡公
而自立是爲獻公徙治臨淄

己未 平王四十有九年秋八月紀人伐夷
按紀城在劇縣邑故爲劇故紀事例得附書

戊子 莊王四年冬齊侯遷紀郱在臨朐縣東南郚郚邑有郚城在鄌郚集

庚寅 六年秋紀季以酅紀邑入於齊

辛卯 七年夏紀侯大去其國

乙亥 襄王六年春諸侯城緣陵

按緣陵齊邑邑在漢爲營陵殆因營邱緣陵得名也

壬申 定王十有八年夏六月齊侯及晉魯衛曹戰於鞌齊師敗績逢丑父與公易位爲晉人所執尋釋之

按丑父逢伯陵之裔邑人祀忠義祠

乙酉 敬王四年冬齊有彗星熒惑守虛期年始滅

按邑爲虛危分野故祥異在虛危者例得附書前志

列祥異今皆附入總紀不更分類

丁丑　赧王三十一年燕樂毅下齊七十餘城邑屬於燕

壬午　三十六年田單襲破燕軍邑復歸齊

庚辰　秦始皇帝二十六年王賁襲齊滅之分天下為三十
六郡邑隸齊郡

乙未　楚漢春二月楚立齊將田都為齊王都臨淄邑屬於
齊

丁酉　冬十一月癸卯晦日食在虛三度　漢王遣韓信擊
齊

戊戌　冬十一月韓信擊楚軍殺其將龍且於濰水盡定齊

齊邑斷於漢

按自乙未至巳亥二月楚亡漢始爲一統

庚子 漢高帝六年春正月立子肥爲齊王邑隸焉

乙巳 十一年封從兄爲營陵侯

癸丑 惠帝七年春正月辛卯朔日食在危十三度

癸亥 文帝二年冬十一月癸卯晦日食在虛八度

丁丑 十六年夏分齊地立悼惠王肥子賢爲菑川王食三縣都劇

按邑城西五里有劇城故址

辛卯 景帝七年冬十一月庚寅晦日食在虛九度

癸巳 十三年置北海郡邑爲營陵附焉屬青州

按縣稱營陵始此而營邱故城則設縣時所因也

甲寅 武帝元朔二年分封菑川懿王子錯於劇爲原侯

辛亥 宣帝本始四年夏北海地震壞宗廟

甲戌 元帝初元二年春正月齊地震海水溢秋七月復震

癸亥 平帝元始三年春王莽殺其子宇逢萌以其族行

按萌碑在營邱故城

甲戌 新莽天鳳元年秋莽改劇爲兪

癸未 淮陽王更始元年 秋九月漢兵誅莽邑復稱劇

丁亥 東漢光武帝建武三年春張步反殺光祿大夫伏隆

據齊地都劇

己丑 五年冬十月遣將軍耿弇擊步破之追至鉅昧水步

弇還帝入劇步乃降

丁酉 十三年置北海國邑屬焉

丙午 二十二年蝗

壬子 二十八年徙齊王興爲北海王都劇

丁丑 章帝建初二年北海得一角獸大如麕

庚寅 和帝永元二年夏封齊武王孫威爲北海王

丁未 安帝永初元年封壽光侯普爲北海王

辛亥 五年春正月庚辰朔日食在虛八度

乙卯　元初二年冬十一月己亥客星在虛危

乙酉　沖帝永嘉元年春詔遣滕撫九江都尉擊馬勉斬之尋拜撫為中郎將督揚、徐二州事

癸丑　靈帝熹平二年冬十二月癸酉晦日食在虛二度

庚申　光和三年歲星熒惑太白三合於虛間五六寸如連珠

癸亥　六年冬大寒井水凍尺許

癸未　建安八年曹操攻袁譚其別駕王修自青州往救黎陽

乙酉　十年曹操殺袁譚王修詣操乞收譚葬許之辟為司掾

丙戌 十一年秋八月曹操討管承至於淳于樂進李典擊破之 邑有淳于祉傳郎 淳于髡贅婿處

庚子 二十五年冬十月魏王曹丕稱帝邑入魏

戊午 延熙元年秋八月吳侍中是儀辨江夏太守刁嘉誣嘉得免

按儀本姓氏改姓是邑人

己未 二年冬十月癸巳客星見於危宿逆行

壬申 十五年夏四月吳太常脩受大帝權顧命 冬十二月魏人擊吳敗績於東關司馬昭殺其安東司馬王儀

按王儀邑人字朱表父脩子裒裒不仕晉以此忠孝

萃於一門宜其馨香百世歷刼不磨

癸酉 十六年春二月吳諸葛恪擊魏滕胤諫不聽

丙子 十九年冬十月吳孫綝殺其大司馬滕胤

乙酉 晉武帝泰始元年 冬十二月魏丞相司馬炎廢其主而自立

邑入晉

按魏自庚子至乙酉凡四十六年

乙巳 晉武帝泰康六年春二月隕霜殺桑麥

丁未 八年夏四月隕霜殺麥

乙卯 惠帝元康五年夏六月雨雹大水

庚申 永康元年復置平昌郡邑隸焉

辛酉 永寧元年自夏至秋旱七月歲星守虛危冬十月北海青虫食禾十一月熒惑太白鬭於虛危

丁卯 懷帝永嘉元年春二月羣盜王彌等寇青州邑戒嚴

丁丑 元帝建武元年秋七月大旱螽蝗

戊寅 大興元年秋八月蝗食苗盡

癸未 明帝太寧元年秋八月石虎陷青州邑入後趙

甲辰 康帝建元二年桓宣及趙李羆戰於丹水

甲寅 穆帝永和十年夏四月桓温署王猛軍謀祭酒辭不就

丙辰 十二年冬十一月燕慕容恪攻廣固克之鮮卑段龕

降燕悉定齊地邑陷於燕

丁巳 升平元年夏六月秦苻堅遣其尚書呂婆樓招王猛拜爲中書侍郎冬以爲尚書左丞

乙未 三年秦以王猛爲京兆尹冬十二月令兼司隸校尉時年三十六歲中五遷

辛酉 五年春正月乙丑月在危宿掩太白

庚午 帝奕太和五年冬十一月秦王堅入鄴執燕主暐以猛爲冀州牧都督關東六州事盡有燕地邑屬於秦

按邑入後趙三十三年自段龕降燕至屬秦十五年

甲戌 武帝寧康二年春正月丁巳有星孛於虛危

甲申　太元九年冬十月謝元遣兵攻秦青州降之邑復歸晉

按齊乘作秦敗苻郎以青州降晉改置幽州

丙戌　十一年夏六月秦主丕以王永子猛之爲左丞相傳檄討姚萇慕容垂冬十月燕擊秦秦兵大敗王永死之

戊子　十三年冬十一月辰星入月在危

乙未　二十年秋七月有長星如粉絮東行南歷女虛至哭星

己亥　安帝隆安三年春三月南燕主慕容德寇青兗秋八月遂陷廣固殺幽州刺史辟閭渾都之邑入南燕

庚子 四年冬十二月有星孛於天津

乙巳 義熙元年夏四月南燕主備德封其兄子超爲北海王秋九月備德卒超嗣立

丙午 二年冬十二月月掩太白在危

己酉 五年冬十二月太白犯虛危

庚戌 六年春二月劉裕拔廣固執南燕主超送建康斬之夷其城隍邑歸於晉裕遣使召臨 令王鎮惡 猛之孫 爲青州治中從事史

按南燕據廣固凡十一年

戊午 十四年春正月王鎮惡沈田子帥師拒夏兵田子矯

殺鎮惡安西長史王修討田子斬之　冬十一月孛星
出天津入太微八十餘日而滅
庚申　恭帝元熙二年夏六月帝遜位邑入於宋
按晉自乙酉至庚申凡一百五十六年
辛酉　南北朝宋武帝永初二年　春二月赤烏六見北海都昌
壬戌　三年春二月丙戌有星孛於虛危
按南北朝時邑屬某國則以某國係年後五季仿此
丁卯　宋文帝元嘉四年　秋七月乙酉白雀見北海劇縣
庚辰　十七年　秋八月大水
戊子　二十五年　春饑

庚寅二十七年冬十月嘉禾生北海

丙申宋孝武帝孝建三年夏五月木連理生北海都昌

戊戌大明二年秋九月嘉禾生

庚子四年夏六月乙卯白燕見

壬寅六年秋七月甲申地震　冬十一月望太白鎮星合於

危

乙巳宋明帝泰始元年　夏五月己卯白麞見

丁未三年夏五月己卯白鼠見

己酉五年魏拔青州圍己三年執刺史沈文秀青冀盡屬北魏

按時魏文帝皇興二年邑入宋凡五十年

己酉魏文帝太和三年　夏四月歲星在虛徘徊元枵之間
壬戌六年　秋七月大水
甲子八年　夏六月蚜蚄害稼
乙丑九年　夏四月隕霜
丁卯十一年　春夏大旱
庚辰魏宣帝景明元年　夏六月大雨雹　秋七月大水
癸未四年　夏四月辛巳隕霜殺麥
乙酉正始二年　春三月大霖雨
戊子永平元年　秋九月壬辰地震殷殷有聲
己丑二年　春正月壬寅地復震

庚寅三年秋八月虸蚄害稼

癸巳延昌二年夏四月有流星起天津東南流轢虛危

辛丑魏明帝正光二年夏四月甲辰火土相犯於危　冬十一月

辛亥金土又相犯於危

戊午東魏靜帝元象元年夏大水蝦蟆鳴於樹

辛酉興和三年大稔

庚午武定八年春二月甲午歲鎮太白在虛熒惑又從而入之

夏五月高洋稱帝是爲北齊邑入於齊

按邑屬魏凡八十一年

丁丑北齊宣帝天保八年夏大蝗

六年齊常山王演友王晞爲演撰諫章

庚辰北齊孝昭帝皇建元年冬十二月以王晞爲侍郎不受

壬午北齊成帝河清元年冬十一月壬午熒惑犯歲星於危南

甲申三年大水

乙酉北齊後主緯天統元年夏六月庚申彗星出三台經紫宮西垣入危漸長丈餘指室壁後百餘日短至二尺五寸在虛危滅

丁亥三年秋大饑

戊子四年春二月庚午有流星大如斗出攝提流至天津滅有聲如雷

癸武平
巳四年饑

甲五
午年冬十一月丙子歲星與太白相犯光芒相及在危
十二月丙子月犯歲星在危相去二寸

乙六
未年秋八月大水

丁北齊幼主恒
酉承光元年春正月周師入鄴齊主緯恒出奔青州
周人及之齊遂滅邑屬後周

按北齊自庚午至丁酉凡二十七年

乙後周靜帝
亥大象元年冬十月乙酉熒惑在虛與鎮星合

辛三
丑年春二月隋王楊堅篡帝周亡邑入隋

按邑屬周凡三年

隋文帝開皇三年 冬十一月初置密州邑屬之後九年滅陳始并天下

甲寅 隋開皇十四年冬十一月癸未有星孛於虛危

丙辰 十六年置營丘縣

按此爲營丘置縣之始故城在今治城東南五十里

庚申 二十年冬十一月地震是日立廣爲太子綱目書天下地震

己巳 煬帝大業五年饑

辛未 七年大水

壬申 八年大旱

己卯 隋唐 唐高祖武德二年 春三月隋北海諸郡皆降於唐

庚辰 三年復置營丘縣屬濰州

癸未 六年省郚城入安邱邑廓郚亦曰古郚城

按隋自辛丑至巳卯三十九年唐於甲申年始爲一

統

甲申 唐高祖武德七年春二月詔州縣皆置學

乙酉 八年廢濰州省營邱下密入北海又曰北海縣

丙午 九年春二月初令州縣里閈各立社稷

丁亥 太宗貞觀元年春二月分天下爲十道邑隸河南道

夏六月旱

戊子 二年蝗

己丑 三年大水

貞觀 四年太有年

壬辰 六年春正月乙卯朔日食在虛九度

癸巳 七年秋九月大水凡四十餘州

甲午 八年秋七月大水八月甲子有星孛於虛危

乙卯 高宗永徽六年秋七月乙亥歲星守危

戊辰 總章元年旱饑

辛丑 中宗嗣聖十八年北海令竇琰穿渠引白狼水溉田

按營邱故城東北有渠曲折三十里號竇公渠即此

丙午 神龍二年夏五月旱饑

丁未 景龍元年夏大疫 冬十一月丙寅太白熒惑合於

虛危

己酉　三年秋九月大水害民居數百家

乙卯　元宗開元三年夏大蝗紫虫食苗有烏食之

丙辰　四年春復大蝗食稼

甲子　十二年復旱

乙丑　十三年大有年斗米五錢粟三錢

丙申　天寶十五載肅宗至德元載夏五月熒惑鎮星同在虛危中

芒角搖動

庚子　肅宗上元元年夏四月追謚太公望武成王

癸丑　代宗大歷八年冬閏十一月壬寅太白辰星合於危

己未　十四年冬十二月丙寅晦日食在危十二度

甲子　德宗興元元年秋蝗食草皆盡大饑

乙丑　貞元元年夏大旱蝗

丁卯　三年閏五月戊寅枉尺墜於虛危

丁亥　憲宗元和二年春正月癸丑月犯太白於虛危

辛卯　六年大稔

丙申　十一年冬十一月戊子鎮星熒惑合於危

己亥　十四年春二月平盧都將劉悟執李師道斬之淄青等十二州皆平

按自李正已據淄青凡五十四年

乙卯　文宗太和九年夏六月庚寅月掩歲星在危而暈冬十一月庚辰月復掩歲星在危

丁巳　開成二年春二月丙午彗星見於危長七尺餘西指南斗戊申在危西南芒耀愈盛癸丑在虛辛酉長丈餘西行稍南指秋八月丁酉彗星復見於危

甲戌　宣宗大中八年春正月丙戌朔日食在危二度

丁酉　僖宗乾符四年秋七月有流星大如盂自虛危歷天市入羽林始滅

丙辰　昭宗乾寧三年冬十月客星犯虛危一大星二小星作合乍離相綴[illegible]行狀如鬬經三日二小星沒其大星後沒

壬戌 天復二年鎮星守虛三年二月始去

丁卯 昭宣帝（昭宗子天佑元年秋八月即位仍稱天佑又爲哀帝）四年夏四月帝遜位於朱温邑入後梁

按自武德元年戊寅至是年丁卯凡二百八十九年

癸未 五季（後梁均王龍德三年）冬十月梁亡邑屬後唐

按梁自開平元年丁卯至癸未凡十六年

丙申（後唐潞王清泰三年）秋九月己丑彗星出虛危長尺餘形微細經天壘哭星冬十一月唐亡邑屬後晉

按唐自同光元年癸未至丙申凡十三年

壬寅（後晉高祖天福七年）夏四月蝗害稼

八年癸卯春二月南唐主昪殂三月子璟立是年春夏旱秋

冬水蝗大起

後晉出帝開運三年丙午冬十二月遼入大梁晉亡明年二月劉智遠稱帝於晉陽三月遼北還六月智遠入大梁改國曰漢邑屬後漢

按晉自天福元年丙申至丙午年凡十一年

後漢乾始元年戊申秋七月蝝生

三年庚戌冬十一月漢亡明年正月郭威稱帝邑屬後周

按漢自丁未至庚戌凡四年

後周恭帝元年庚申春正月宋代周邑歸於宋

按宋至開寶八年乙亥始爲一統周自廣順元年辛亥至己未凡九年

壬戌 宋太祖建隆三年以北海縣爲北海軍始置昌樂縣爲屬邑

乙丑 乾德三年升北海軍爲濰州改昌樂縣爲安仁尋復昌樂

癸酉 六年秋七月大水

戊子 宋太宗端拱元年夏四月辛亥時有星出天津大如醆色赤黃蛇行有聲光燭地犯天津東北星

己丑 二年冬十一月壬辰歲星熒惑合於危

辛丑 眞宗咸平四年夏六月頒九經於州縣學校

戊申 大中祥符元年冬十一月追謚齊太公望爲昭烈武

成王

己酉　二年秋七月大水

癸酉　仁宗明道二年冬廢皇后郭氏孫祖德諫不聽

按祖德邑人

甲戌　景祐元年秋九月丁亥星出天津如太白青色有尾

没於危

甲申　慶曆四年春三月詔天下州縣立學

丙戌　六年春三月戊寅地震夏六月壬戌彗星出營室過

垣及婁

庚寅　皇祐二年冬十二月知諫院吳奎諫外戚勿得任二

按吳奎邑人

癸巳 五年春三月乙巳大風

乙未 七年春三月以吳奎爲樞密副使

丙午 英宗治平三年冬十二月癸卯金火相犯於危

丁未 四年春三月以吳奎參知政事秋九月吳奎罷出知青州

丙辰 神宗熙寧九年秋八月壬寅彗星見於危

甲子 元豐七年冬十一月乙卯有星出危南如杯

庚午 哲宗元祐五年秋七月辛未彗星出危

壬申 七年夏五月蠶自織如絹成領

乙亥 紹聖二年春三月丙辰星出天津東北向東漫流至室北沒

癸未 徽宗崇寧二年蝗

甲申 三年旱

甲午 政和四年秋九月庚子彗星出危墳暮如盂東南急流入羽林沒青白有尾迹照地明

戊午 高宗建炎二年金天會六年 春正月金人破濰州知州韓浩琦之孫 通判朱廷傑力戰死之金人入青州尋棄去

按是年十二月劉豫降金時知濟南 四年九月金立豫為

齊帝至紹興七年十一月金復廢豫邑始屬於金

己酉 三年 金天會七年 大饑人相食

壬子 紹興二年 金天會十年 夏六月頒戒石銘於州縣 文曰爾俸爾祿民膏民脂下民易虐上天難欺

癸亥 十三年 金皇統三年 秋有年

丙寅 十六年 金皇統六年 冬十二月戊戌彗星出危宿西南

戊子 孝宗乾道四年 金大定八年 金置濰州中刺史邑屬焉

丁酉 淳熙四年 金大定十七年 春三月金免山東等十路租稅以旱蝗也

己亥 六年 金大定十九年 冬十一月甲子熒惑與歲星合於危

辛亥　光宗紹熙二年金明昌二年秋旱大饑

甲寅　五年金明昌五年冬十一月庚戌鎮星與熒惑合於危

戊午　寧宗慶元四年金承安三年秋八月甲戌火土合於虛

甲子　嘉泰四年金太和四年冬十一月庚午流星出天津急流天市垣

庚午　嘉定三年金大安二年夏四月大旱六月霾雨大饑斗粟千餘錢

辛未　四年金大安三年冬十二月益都楊安兒作亂攻刼州縣

癸酉　六年金貞祐元年冬十二月蒙古伐金破山東諸郡城郭爲墟

七年金貞祐二年北海李全等作亂

丁丑十年金興定元年冬十二月蒙古經畧登萊等州而去

戊寅十一年金興定二年春正月李全降於宋襲金莒密青州諸郡

己卯十二年金興定三年秋九月金益都治中張林奉青濰十二郡來歸

辛巳十四年金興定五年夏六月戊寅日將出有氣如火道經丑未歷危東西不見首尾移時沒

丙戌理宗寶慶二年金正大三年春三月蒙古圍青州明年五月李全以青州諸郡降蒙古

戊子　紹定元年金正大五年冬十月丁己熒惑與鎮星合於危

辛酉　景定二年蒙古中統二年春正月知縣段綺創立文廟

丙寅　度宗咸淳二年蒙古至元三年蒙古省昌樂入北海改設巡檢司

按邑自庚申入宋歷百七十年入僞齊凡八年始屬於金歷九十五年至理宗端平元年甲午金亡邑歸於元迨帝顯德祐二年丙子三月宋亡元始爲一統

辛巳　元世祖至元十八年加封孤山神爲孚澤廣靈侯伯夷昭義清惠公叔齊崇讓仁惠公

壬午　十九年旱明年免租賦

二十四年以邑人劉澤領知縣事
乙巳 成宗大德九年春三月隕霜殺桑
丁未 十年冬十二月饑賑
戊申 武宗至大元年夏五月蝝
己酉 二年夏四月蝗
丁巳 延祐四年春二月詔郡縣復置義倉
己未 六年夏六月諸路大水
庚申 七年夏六月蝗
辛酉 英宗至治元年夏六月己未太陰犯虛梁東第二星
冬十一月丙子又犯東一星

甲子　泰定帝泰定元年巡檢張亦崇修葺學宮夏六月蝗

丙寅　三年夏四月饑

己巳　明宗元年文宗天歷二年夏旱蝗饑

癸酉　順帝元統元年北海尹楊仲淑重修宣聖廟

丁丑　至正七年春二月地震

壬寅　二十二年春二月長星見虛危間形如練長數十丈

癸卯　二十三年冬十月山東赤氣千里

丙午　二十六年秋九月甲辰有星孛於東北在盧初度

丁未　二十七年明吳王元年冬十二月吳王陷山東諸路邑歸

於明建青州府昌樂屬焉

以元自丙子至丁未凡九十二年

戊申　明太祖洪武元年秋八月大赦

己酉　二年春正月免田租　冬十月詔天下府州縣皆立學

庚戌　三年寧州同知李益署縣事遷學宮於縣治西南

辛亥　四年縣丞陳良翔建縣廳

癸丑　六年春二月詔有司察舉賢才

甲寅　七年省濰州改北海為濰州屬萊州府邑仍屬青州府　知縣王勳立無祀鬼神壇祀之有碑記其事　須寶五卷至儒學

乙卯　八年春正月詔天下立社學　立山川社稷壇　設稅課局　詔行鄉飲酒禮　建普濟院及申明旌善二亭（每社皆置）

庚申　十三年夏五月詔免田租　頒釋奠儀　秋七月定生員廩膳（人日一升米魚肉鹽醯官給之）

辛酉　十四年春正月定賦役籍

壬戌　十五年夏四月免田租

癸亥　十六年春二月初歲貢生員

乙酉　十八年冬十月頒大誥於學宮　十一月免田租

丙寅　十九年括田

丁卯　二十年詔增廣生員　審戶口十年一審

辛未　二十四年初令有司朔望行香於文廟

癸酉　二十六年頒大成樂器於府州縣　始定風雲雷雨山川壇儀

戊寅　三十一年春正月令民墾田

己卯　惠帝建文二年賜租稅之半

己丑　七年知縣于潛建桂香亭於學宮

丙申　十四年春饑夏旱

乙巳　仁宗洪熙元年夏四月旱蝗免租稅之半

丁未　宣宗宣德二年定增廣生員

丁巳　英宗正統二年夏旱蝗饑五月邑民劉嵩等出穀賑濟詔旌表　增廩膳生員膳夫二名

壬戌　七年夏四月蝗

甲子　九年夏旱

乙丑　十年夏四月始命學校考取附學生

戊辰　十三年春正月修文廟

壬申　三年重修明倫堂

丙子　七年重修縣廳　秋大水　冬十二月詔蠲逋賦

丁丑　英宗天順元年春大饑賑

丙戌　二年始修城郭及文廟

庚寅 六年夏四月旱

辛卯 七年春饑

壬辰 八年大有年斗米十錢

癸巳 九年春三月四日大風晝晦自申至酉方霽是歲大饑賑免租 設漏澤園

甲午 十年大熟

甲辰 二十年大旱

丙午 二十二年冬大饑

癸丑 六年增修學宮會饌堂及號房

丙辰 九年知縣金茂增修饌堂

庚午　五年知縣謝譽增築外郭土牆重修大成殿西廡

辛未　六年春正月流賊齊彥明等攻安邱陷之邑爲蹂躪

留泉婦人

壬申　七年夏五月朔賊復至士女死節無數

癸酉　八年益都阿陀村淳于髡冢中有聲如牛自申至酉

方止

丙子　十一年春重修譙樓門　夏大旱

丁丑　十二年春正月無雲而震二月十一日辰刻天鼓鳴

西北十三日戌刻天鼓復三鳴星隕　夏五月八日大

雨雹　秋九月初六日辰時地震

戊寅 十三年重修文廟

庚辰 十五年修城南門

辛巳 十六年修城四門建四角樓增南東重門

癸未 二年夏四月旱 建學宮東號房 秋九月黑眚見西北來晝晦金鐵樹木有火光

甲申 三年春正月地震 建縣署二堂

丙戌 五年改築城女牆增建大成殿東西廡各七間 名宦鄉賢祠 秋八月一日酉時流星落西南光燭地

戊子 七年春正月二日昏月出西方在半天七日午時月見東方如半璧是年蝗大饑人相食大疫 夏五月七

日大雨雹　建敬一亭　冬十二月十七日立春黃昏時白氣如虹橫亙南方東入大河

己丑八年夏旱蝗　冬十月學庫災

辛卯十年秋七月星芒指東北　冬十月七日丙子夜星隕如雨

丙申十五年修濬月河　夏蝗

戊戌十七年秋大水　縣丞湯樵重修城東門

己亥十八年春大饑　增修城高二尺濶二尺

庚子十九年春大疫　重修城西門

辛丑二十年春修學宮

甲辰　二十三年築炮台八座及四隅

乙巳　二十四年知縣朱木始纂邑志　重建觀德亭

丙午　二十五年秋八月十六日夜月午紅光錯出繞三匝大如車輪二十一日雨雹如鷄卵二十四日復雨雹傷禾

丁未　二十六年成城及養濟院

戊申　二十七年重修大成殿

壬子　三十一年夏五月大雨雹　秋七月大水　冬大寒無麥苗

癸丑　三十二年秋七月有雲如龍見於西北

甲寅　三十三年夏泮池學宮成

戊午　三十七年夏蚜蚄

己未　三十八年春省稅課局　夏大旱冬疫

庚申　三十九年春修明倫堂

乙丑　四十四年春大風寒麥　夏四月大蝗

丙寅　四十五年罷馬頭役仍徵庫

丁卯　穆宗隆慶元年春詔免田租之半　秋七月詔撫流民給復五年

戊辰　二年春免田租之三

己巳　三年夏五月蝗　秋七月大水　冬桃李華

庚午 四年春大饑
辛未 五年冬十月水
癸酉 神宗萬歷元年免田租
甲戌 二年夏四月大雨雹 秋七月大水
乙亥 三年春括地立催科法
丙子 四年秋大水霪雨連日平地水三尺
丁丑 五年五月十三日大風晝晦發屋拔樹
戊寅 六年春修儒學 冬十一月大雨雪
庚辰 八年冬十一月度民田用開方法
辛巳 九年夏雨雹 變賣僧尼宇舍 徵輸錢 冬疫

壬午十年春正月免逋賦　夏六月蝗蝻

癸未十一年春詔墾田　夏六月蝗

甲申十二年春糴湧貴有秋

丙戌十四年大括地

丁亥十五年初行條編法　秋七月旱

戊子十六年初置學田

庚寅十八年星晝見　建城四重門及寅賓館

壬辰二十年立冬後大麥秀桃李華

癸巳二十一年夏四月大寒有凍死者　秋大水無麥禾大饑

人食

甲午　二十二年春大饑草根木皮皆盡民相掠刼

乙未　二十三年夏五月大疫

丙申　二十四年甃城東南以石

丁酉　二十五年春正月大風晝晦

戊戌　二十六年署縣事青州司理劉以中重修啟聖祠

建縣署大堂

辛丑　二十九年夏旱　秋大水

癸卯　三十一年甃城西北面

乙巳　三十三年夏五月蝗蔽地禾盡　秋蝻復生

丁未　三十五年春大旱饑　夏五月始雨有秋

庚戌　三十八年重修儒學

壬子　四十年春正月舉行鄉飲酒禮知縣劉可訓捐置器皿

癸丑　四十一年秋大水　冬十月桃李華

乙卯　四十三年夏旱蝗大饑人相食遣使賑荒御史過廷訓賫帑祈發倉廩

丙辰　四十四年春大饑疫　夏有麥　秋穀秀二歧

丁巳　四十五年秋大蝗奉文捕蝗三百石准充儒學生員　八月大雨雹

戊午　四十六年彗星見三月方滅　秋九月加田賦

己未　四十七年有秋增餉

庚申 四十八年秋八月大雨雹　成城

辛酉 熹宗天啟元年葺城　冬十月地震　修文廟及官廨閱明年告成

壬戌 二年秋九月增賦

癸亥 三年秋七月大蝗

甲子 四年大括地

己巳 懷宗崇禎二年詔汰冗官 裁縣丞訓導各一員 裁驛站　秋大水

庚午 三年蝗害稼　冬增賦

辛未 四年冬閏十一月登州遊擊孔有德等反率標下五

百人赴遼由吳橋大掠而東

癸酉　六年春黌宮成

甲戌　七年春正月朔雷雨雪夏大旱蝗蝻生

戊寅　十一年建郭外土城築丹河二壩　夏大旱蝗

己卯　十二年春正月我

大清兵畧地

庚辰　十三年旱大饑斗粟千錢　知縣劉芳奕煑粥賑濟　增

賦

壬午　十五年冬十月太白經天　十一月我

大清兵復畧地

癸未十六年春二月我

大清兵由壽光西旋

甲申十七年春盜起知縣辛炳翰率衆禦之城克全三

月十七日大風晝晦

總紀上卷一終

昌樂縣志卷二

總紀下

甲申大清世祖章皇帝順治元年春三月丙午明亡夏五月我大清定鼎　初編審民丁分上中下九則　邑有土寇亂知縣率邑人禦之境內以安

乙酉二年春令民薙髮

丙戌三年裁主簿

丁亥四年秋大水雹雨四十餘日平地出泉　冬十二月詔免明年租銀

戊子　五年豁荒田賦稅

辛卯　八年建署永安樓　淸田賦　龍見於文昌閣　大成殿枯柏復茂

壬辰　九年夏五月大水

癸巳　十年冬大雨雪平地三尺牛羊樹木凍死幾半

乙未　十二年春糴湧貴　有秋

戊戌　十五年夏大旱

己亥　十六年春括地行田字坵法　秋大水

庚子　十七年夏旱　冬星晝見

辛丑　十八年春新檽星門　令民納粟入監　修學宮

城　冬十月棲霞民于七作亂大軍過境

壬寅　聖祖仁皇帝康熙元年解東征米豆　三月于七平

停科試　減歲貢三年一人　裁廩膳銀三分之二

癸卯　二年革制義以策論取士

甲辰　三年停歲貢　裁教諭

詔免順治十五年以前逋賦　立申明旌善亭　編里

甲免雜派　始簡明賦役嗣後編審五年一行

乙巳　四年夏大旱

詔免順治十六年至十八年逋賦

丙午　五年春旱無麥　秋八月地震　冬十月

詔免災傷田租之二賑饑　復制義取士法

戊申　七年夏六月地震

庚戌　九年春三月

詔賑饑　秋八月徵縣夫築黃河堤　冬大寒人多凍

死　頒

上諭十六條至學

辛亥　十年弛馬禁　貢礮車木

詔免康熙四五六等年逋賦　始修邑志

壬子　十一年蝗　邑志成　訓導王文燭捐補祭器

癸亥　十二年復科試並考取儒童

[illegible]十四年夏四月隕霜殺麥

丙辰十五年稅衙房　加徵官糧　減童試額科歲各四名

復設訓導

戊午十七年准捐納生員　大旱

己未十八年春大饑

詔免夏稅之二發粟賑饑

庚申十九年令捐納歲貢　冬十一月辰星見初一日自西南亙東北一月方沒　復教諭　復儒童舊額

辛酉二十年稅衙房依十五年所查樓加銀二錢房加銀一錢

壬戌二十一年停徵官戶加銀

甲子二十三年秋霪雨害稼

乙丑二十四年臨清倉米改收折色

丙寅二十五年夏六月大水　秋七月頒

御製

至聖先師孔子贊立石文廟　均錢糧

戊辰二十七年夏五月大風拔木

己巳二十八年閏三月頒

御製顏曾思孟四子贊立石文廟

庚午二十九年

詔免田租

未三十年頒

御書萬世師表額懸　大成殿　夏蝗蝻災

壬申三十一年夏六月大星如月自西南走東北有聲如

雷

癸酉三十二年春建常平倉

甲戌三十三年

詔前知縣馬璟崇祀名宦從邑紳民閻愉李士彥等之請也

乙亥三十四年秋牛疫　冬無雪

丁丑三十六年春饑　濬堯河

詔發粟賑饑免天下漕糧山東係本年輪免昌樂無漕　冬大疫

戊寅三十七年春疫
辛巳四十年夏六月大雨水
壬午四十一年
詔發粟賑水災
癸未四十二年
詔免康熙四十三年錢糧並歷年逋賦　夏四月
欽謚前知縣馬琢曰忠勤　班匠銀攤入地畝徵收
甲申四十三年春大饑疫米不貴而錢難用民多攜錢以死　頒
御製訓飭士子文於學立石
詔免四十四年錢糧

乙酉四十四年免糧停徵

丙戌四十五年

詔免康熙四十二年逋賦四十二年奉 旨普免四十三年錢糧並歷年逋賦茲復詔免四十二年逋賦蓋前 旨係分別新舊豁免本年不在內故有今 旨

丁亥四十六年夏四月十六日隕霜殺麥越八日麥秀如初大穫

壬辰五十一年

詔免五十二年錢糧及歷年逋賦

癸巳五十二年免糧停徵

甲午五十三年重修明倫堂及各祠　修城樓署大堂

乙未五十四年重修署永安樓明倫堂落成

丙申五十五年

詔丁銀以五十年爲常額續生永不加賦

己亥五十八年秋七月霪雨害稼

詔發常平倉賑饑

辛丑六十年春旱

詔發粟賑饑

壬寅六十一年春旱知縣詳請發常平倉出借

癸卯世宗憲皇帝雍正元年廣生員額　冬十月

詔免康熙六十一年並六十年被災錢糧

辰二年春

詔建忠孝祠節孝祠劉猛將軍廟　秋有年　冬冰結花　知縣朱宏仁立義學置田學舍在營邱故城地二十畝

乙巳三年頒

聖諭廣訓至學　釐定名宦鄉賢祀典

詔錢糧耗羨銀歸公作各官養廉　夏四月

詔將康熙五十八年至雍正元年帶徵錢糧從二年起限分作八年帶徵

丙午四年頒

御書生民未有額懸　大成殿

詔丁銀攤入地畝永不加賦　定雜稅　勘竈地迷失

錢糧均攤民佃　廣生員額　秋八月

詔州縣置耤田戊日祭先農壇畢率農官耕耤田其田四畝七分

詔舉品行才猷可備任使者邑例貢趙可承趙允昌應舉一授知縣一授兵部職方司主事

己酉七年重修縣署　三月頒考察生員優劣

上諭至學立石

詔郡邑置先農壇每歲仲夏戊日與山川社稷並祭

詔免明年山東錢糧四十萬兩

庚戌八年夏六月霖雨大水壞民居

壬子 十年立普濟堂

癸丑 十一年秋九月頒

上諭二部至學每部二十四冊

詔免本年山東錢糧四十萬兩

乙卯 十三年秋大熟

丙辰 純皇帝乾隆元年春修常平倉 增教官俸廣

生員額 裁瓜菓稅課程牙雜走稅皆著定稅

詔免錢糧十分之四

丁巳 二年夏四月

詔免山東錢糧一百萬兩 復廩膳銀

戊午三年頒

御書與天地參額懸 大成殿

辛酉六年頒

上諭四部至學 文武合吏一冊三教同源一冊士習一冊性理一冊 三月頒明史至學 一百十二冊 冬十月頒

欽定四書文至學

詔舉直言極諫如陽城馬周者

癸亥八年頒

憲廟上諭二部及樂器至學

甲子九年春正月頒學政全書至學

乙丑十年夏六月

詔免直省明年錢糧各省蠲免正賦之中山東輪十三年並停

徵歷年逋賦

丙寅十一年春正月頒

御纂周易折中性理精義

欽定書經傳說彙纂詩經傳說彙纂春秋傳說彙纂各

二部至學易二十冊性理十冊書二十四冊詩三十六冊春秋四十八冊

丁卯十二年大饑自去年八月不雨至五月丁未始雨連

陰雨月無禾

詔發粟賑饑

戊辰　十三年大儀　頒

御纂明史綱目三編至學

己巳　十四年加貯倉穀縣額貯一萬四千石府穀五千石歸於縣　定文廟樂

舞生引贊生八名樂生三十六名舞生三十六名備補生二十名

庚午　十五年重修大堂後樓

癸酉　十八年重修明倫堂

甲戌　十九年春正月舉行鄉飲酒禮

乙亥　二十年秋七月大風拔木　五月頒

御製平定準噶爾碑文至學立石

己卯　二十四年春重修大成殿兩廡名宦鄉賢諸祠　夏

閏月頒
御纂平定伊犁碑立石學宮　秋頒科場磨勘條例貢
監例冊
欽定三禮義疏至學
庚辰二十五年
詔開恩科春三月頒
大清律例
欽定督捕則例各一部至學律例二十冊捕例二冊　夏五月朔
日食既晝晦　秋頒磨勘條例三場抬頭格式至學
辛巳二十六年春二月頒

欽定鄉會墨選一部至學　社穀移貯縣倉　冬大寒井氷結

癸未　二十八年冬沙雞來

戊子　三十三年夏蚄蟲害稼

庚寅　三十五年

皇太后八旬萬壽普免天下錢糧及歷年逋賦

詔開恩科

壬辰　三十七年夏六月

詔停止編審

癸巳　三十八年募民修城

甲午 三十九年秋八月壽張王倫作亂擾臨清邑戒嚴旋
討平之
乙未 四十年修城增女牆及東南角樓
丁酉 四十二年
詔免天下錢糧以戊戌年爲始邑於庚子輪免
戊戌 四十三年夏無麥
庚子 四十五年春免糧停徵 豁積欠
壬寅 四十七年秋八月大雨水壞廬舍
乙巳 五十年夏大旱無麥 秋無禾
丙午 五十一年春正月朔日食民饑疫官勸富民出粟設

粥賑饑　夏有麥　秋有年

己酉五十四年夏四月隕霜

庚戌五十五年春正月

詔普免天下錢糧邑於癸丑年輪免　二月

上東巡免山東歷年積欠邑免五十年五十一年逋欠銀一萬八千五百九十餘兩

辛亥五十六年教諭趙其璜重修大成殿

癸丑五十八年免糧邑免銀二萬八千二百三十四兩漕倉折色銀一千餘兩不免

甲寅五十九年冬十二月

詔免天下歷年逋賦邑豁五十七年逋欠銀一萬四百餘兩五十八年耗銀二千七百餘兩蓋以五十八年普免錢糧耗羨也

乙卯六十年正月朔日食春大旱五月十四日始雨　秋七月蚜蚄害稼

丙辰六十一年春正月朔

詔令

上御極大赦改元即以乾隆六十一年爲嘉慶元年

詔普免天下錢糧邑於戊午年免銀二萬八千餘兩　秋七月修山川社稷壇　買補豁免穀石撫軍奏請買補山東豁免倉穀一百萬石昌樂買補七千餘石　冬十月大雪　登萊兵過境赴河南堵禦教匪　清查保甲

丁巳二年春正月知縣魏禮焯舉行鄉飲酒禮大賓田奎東介賓李

仲和　增修常平倉十間貯採買穀　改建先農壇　始立八蜡廟劉猛將軍廟建於先農壇兩旁　創修營陵書院　秋有年

九月朔儆帶底夫挖黃河積淤　增廣歲科試生員歲試增廣五名科試七名

戊午　三年邑輪免錢糧仍徵積欠

乙丑　十年重修文昌閣　秋旱蝗害稼

戊辰　十三年重修明倫堂

總紀下卷二終

【民國】昌樂縣續志

王金嶽修　趙文琴、王景韓纂

民國二十三年（1934）鉛印本

昌樂縣續志卷一

總紀

縣之有總紀所以備歷史上之參考也故一邑雖小其事之利害得失有種種之關係焉昌樂地當要衝又近膠濟鐵路綫自清嘉慶以訖民國百餘年中事變多矣尤以兵事上經濟上之關係爲最鉅茲凡事之屬於本邑或鄰縣牽及者並總錄之而興革災異諸端亦附見焉以續前志俾後之覽者有所參考亦利害得失之一鑑也作總紀

己未 嘉慶四年冬十一月高宗升配禮成大赦

辛酉 六年山東奉命採買米麥備直隸省災區平糶

乙丑　十年邑令徐照重修文昌閣　秋旱蝗害稼

丁卯　十二年春三月大風晝晦己丑日申時

戊辰　十三年春正月上以來歲五旬慶節詔開恩科鄉會試　邑修明倫堂

己巳　十四年春正月朔頒萬壽覃恩詔　重修縣志刷印成

庚午　十五年春正月風霾晝晦　奉命查禁鴉片

辛未　十六年春京師及河南山東旱　奉詔清理庶獄　夏霪雨爲災　秋禾歉收

壬申　十七年春饑　彗星見西南

癸酉　十八年春大饑　夏彗星見兩月餘乃滅　閏八月改十九年

閏二月以彗星變　直隸河南山東旱截留江西漕米分賑之申禁私販鴉片定官民服食者罪　秋八月白蓮教匪入山東（自河南滑縣入山東曹縣定陶金鄉等縣滋事三月始平）邑戒嚴　九月十五日　賊人突犯禁門入大內首犯林清就獲餘孽分擾直豫各省邑復戒嚴

甲戌 十九年以籌備軍需開豫工捐例

乙亥 二十年夏頒御製官箴二十六章　查拿白蓮教餘孽　蠲歷年逋賦

丙子 二十一年山東巡撫同興調邑汛兵赴臨清州剿防教匪　通飭州縣整頓保甲　邑令竇倓捐俸倡修王裒墓

丁丑 二十二年邑令汪世杓補修邑城

戊寅 二十三年春正月上以來歲六旬慶節詔開恩科鄉會試

秋八月頒通禮

己卯 二十四年冬十二月大雨河水汎溢橋梁盡壞

庚辰 二十五年秋八月邑令張懋勳重修城西門關帝廟

辛巳 宣宗道光元年春詔免歷年逋賦 大赦 詔舉恩科鄉會試

廣中額二十名並廣學額 彗星見西方 秋大疫

壬午 二年春頒御題聖協時中額於學宮 三月詔以明臣劉宗周

從祀文廟 赦女四以上皇太后徽號之故

癸未 三年春正月詔舉孝廉方正 以湯斌從祀文廟 邑令張懋

勳重修文廟　秋蚜蚄害稼　大饑

乙酉　五年春正月詔以明儒黃道周從祀文廟　查禁邪匪

丙戌　六年春夏旱　秋禾歉收　詔以唐儒陸贄從祀文廟

丁亥　七年春二月詔以明舉人孫奇逢從祀文廟　邑令林士駿重

修龍王廟

戊子　八年冬十一月以平定回疆上太后徽號頒詔覃恩有差

己丑　九年地震有聲如雷　十二月以回疆平御製碑文頒示天下

勒石孔廟

庚寅　十年閏四月地震　邑令呂芬重修城西門關帝廟

辛卯　十一年春正月上以五旬慶節開恩科鄉會試　禁民私種罌

粟

壬辰 十二年春行鄉飲酒禮　大疫　運山東倉穀賑江南被水災民

癸巳 十三年春緩商民逋賦

甲午 十四年冬十月復上太后徽號頒詔覃恩

乙未 十五年春正月以太后六旬萬壽詔開恩科鄉會試　秋飢民赴奉天就食　冬行鄉飲酒禮

丙申 十六年春饑　二月頒人臣儆心錄暨訓飭州縣條規　各省奉諭查禁會匪　夏四月雨丹害麥　秋禾歉收　大疫

丁酉 十七年五月地震濰縣人馬綱爲亂邑戒嚴旋馬綱伏誅　秋

無禾　冬行鄉飲酒禮

戊戌　十八年春夏無雨　大饑　秋八月上以二十一年六旬萬壽詔開恩科鄉會試其正科先一年舉行　冬十月始種麥

己亥　十九年春旱　大饑邑令許延齡勸富民出穀賑恤　夏無麥（初麥苗頗茂將成忽隕黑丹楷粒不得）　冬十月查禁鴉片菸章程纂入例

辛丑　二十一年春正月大風雪（二十六日自巳至申風雪俱厲是日為嫁娶吉辰親迎者多為風雪所阻或住婦家或於路借宿）

壬寅　二十二年秋七月沿海申嚴兵備　廣籌餉例　秋大有年

癸卯　二十三年夏四月彗星見西南東北長竟天　詔以宋臣文天祥從祀文廟　邑令李正儀重修關帝廟

甲辰　二十四年春正月朔上以來歲太后七旬萬壽詔開恩科鄉會試

乙巳　二十五年春三月諭令查拿白蓮教匪　秋蝗害稼

丙午　二十六年春旱　冬十一月上諭整頓捕務並因旱詔清理庶獄

丁未　二十七年旱　秋八月山東河南等省奉諭會剿捻匪　邑令鄒景任重修城門關帝廟

戊申　二十八年夏六月風雨害稼

己酉　二十九年夏六月詔以宋儒謝良佐從祀文廟　冬無雪

庚戌　三十年秋蚜蚄害稼

辛亥 文宗咸豐元年春正月詔舉恩科鄉會試　二月地震　三月詔以宋臣李綱從祀文廟　夏四月彗星入虛危之次半月始滅

壬子 二年春二月詔以宋臣韓琦從祀文廟　冬十月初六日地震

癸丑 三年春邑令傅履恆重修營陵書院　詔各邑團練　廣太學暨乙卯鄉試額　詔以先賢公明儀從祀文廟

甲寅 四年夏五月初九日地震

乙卯 五年秋旱　蝗蝻害稼

丙辰 六年夏大旱　秋飛蝗爲災　菽不實　邑令周寅淸重修城西門

丁巳 七年春二月詔以先賢孔氏孟皮配享崇聖祠先賢公孫僑從祀文廟　夏蝗蝻生　大雨雹禾稼幾盡

戊午 八年邑令左德溥修補城垣暨南關土堡　秋八月彗星現西北　大疫　十二月詔以宋儒陸秀夫從祀文廟

己未 九年春正月上以來歲三旬慶節詔開恩科鄉會試　三月地震　五月始雨　秋禾歉收　詔緩田租

庚申 十年夏四月詔以明儒曹瑞從祀文廟　秋九月捻匪大股自皖入東境

辛酉 十一年春頒省刑論　御史任兆堅奏山東徵收錢糧折銀奉諭著清盛按所奏通行　二月二十一日捻匪入邑境（十一年太平天

國命張總愚率軍五旗十餘萬由濟寧而北二月入博山青石關焚掠村踐金嶺鎮二十一日入邑境東北鄉戴家莊練總戴文光牟家莊練總牟爾恭各率練勇迎戰卒因衆寡懸殊文光及其弟中孚子鳳翔侄鴻逵俱死之牟爾恭亦陣亡一時練勇同遇難者共百餘人而戴氏之族所遺尤慘或曰匪軍南去 八月捻匪又犯邑境

壬戌 穆宗同治元年上奉兩宮太后聽政春正大赦 詔開恩科鄉會試 僧格林沁籌辦山東畝捐 夏無麥 秋七月彗星見西北長竟天 八月上以星變詔求直言 六月蝗 八月大疫 九月淄川劉德沛據城邑戒嚴

癸亥 二年春三月詔以先儒毛亨明呂柟從祀文廟 夏五月以明臣方孝儒從祀文廟 六月僧格林沁攻克淄川縣城劉德沛伏誅邑解嚴

甲子 三年春二月巡撫閻敬銘奏請停止山東畝捐　六月以克復金陵祭告嶽瀆先師孔子　秋蝗害稼　罷團練局

乙丑 四年春正月太白星晝見　三月捻匪由豫入東境僧格林沁統軍躡追　夏四月僧格林沁追擊捻匪至曹州天峇黑遇伏陣亡

丙寅 五年夏麥不實　秋旱　冬無雪　地震

丁卯 六年夏五月重刊御纂欽定經史頒發各學　是月捻匪賴文洸任化邦由豫竄東境遂至登萊青　歲大有　秋七月任賴由平度竄入邑境城守極嚴各鄉亦堅壁清野　初太平天國天京被圍賴文洸軍由漢中星夜馳援至中途天京陷乃與任化邦軍合略山東號南捻賴廣東嘉應州人賴后之族弟也山東巡撫閻敬銘河

防戰疊勢不得渡會閻予告回籍繼任丁寶楨爲節費故多撤防兵總兵王心安統兵駐河上是年五月爲賴任擊破渡河而東行傾急大隊自邑境過凡三日直渡灘水福建總督劉銘傳等統兵追勦過邑境紀律嚴明秋毫無犯巡撫丁寶楨等統兵駐萊河西岸東岸築起長圍自黃海以至渤海秋七月二十日賴任自昌邑濱海瓦城偷越回竄勢甚猛二十二日至營邱馬宋朱翰一帶總兵王心安戰敗諸師莫及收領任復西竄會黃河水漲又返旆東來冬十月十四日自西北經邑境東南行入馬絡繹賴任每行環八擡黃轎扈從甚盛十一月十二日劉銘傳大破之追躡至壽光境禹王臺戰二晝夜賴任大敗尸橫數十里降者二千餘人二十三日又敗於彌河三十日敗兵經馬宋鄉郜朱翰阿陀一帶急過無少停十二月初一日劉銘傳令殺降者凡兵所宿村堡尸橫截道殺戮統兵南追任道中爲間諜刺死其兵潰敗衆靈文洸哭而葬之急收集潰餘數千人自六唐趙揚州大雨水漲阻不得渡遂被執伏法

戊辰七年秋七月詔以宋儒袁燮從祀文廟　八月以捻亂平免山東等省被擾州縣逋賦

己巳 八年秋七月各省奉諭籌辦長平倉穀

壬申 十一年春邑令黃咸寶重修城東南角奎星樓暨先農壇縣署

冬十二月詔以先儒張履祥從祀文廟

癸酉 十二年夏重修營陵書院

甲戌 十三年夏五月彗星見 冬十一月詔以先儒陸世儀從祀文廟 十二月頒登極詔兩宮太后訓政

乙亥 德宗光緒元年春正月詔舉孝廉方正（邑廩生曹鎔梅與選） 開恩科鄉會試 詔以漢儒許慎從祀文廟 秋七月十七日大風壞穀（三晝夜不息穀粒殆盡） 大旱 菽不實 邑令尚芝蘭重修東南關關帝廟

丙子 二年春旱 夏無麥 大饑 賑（城鄉各設賑飢分局） 閏五月十八日大

雨始種穀每畝僅收數斗　秋七月詔以本朝張伯行從祀文廟

丁丑　三年春饑道殣相望　邑令李毓珍勸富民出粟賑飢　詔以漢儒劉德宋儒輔廣從祀文廟

戊寅　四年大旱　饑　嚴禁燒鍋以裕民食

己卯　五年大雨雹　冬復常平倉　令民積穀備荒令民各出穀有差附城者貯縣倉遠鄉則存各廠令圖長董之

庚辰　六年山東設電線至邑境　秋九月二十一日大風晝晦

辛巳　七年五月甲子彗星見東北　秋七月大水十四日大雨如注日夜不止瀕河村落漂沒無算濰水下流被害尤酷

壬午　八年四月朔日食　秋七月彗星見東南

甲申　十年夏四月隕霜　冬無雪

乙酉　十一年春旱　邑令李毓珍重修文廟

丙戌　十二年春三月隕霜殺麥數日即甦

丁亥　十三年冬十二月二十六日大風雪行人多凍死

戊子　十四年夏五月初四日地震　各處修築　秋大雨自六月三十日起十三晝夜無少息河水漲溢爲害　八月大疫　邑令何粹然重修城西門

己丑　十五年秋七月霪雨河水漲溢漂沒民舍牲畜甚多

庚寅　十六年春二月隕霜殺麥不爲災

辛卯　十七年春三月凍麥十五日大冷麥凍枯越十餘日復秀如初

壬辰　十八年夏五月蝗飛過境　詔以宋儒游酢從祀文廟　秋蝗

蝻爲災

癸巳　十九年春正月上以來歲太后六旬慶節詔開恩科鄉會試

甲午　二十年邑令程豐厚重修營陵書院　日軍侵朝鮮山東沿海州縣告警　冬文登榮城威海衛寧海均失守東省戒嚴　邑令程豐厚籌集營陵書院底款制錢壹萬肆千緡每年一份生息月課作生童膏火

乙未　二十一年春二月詔以宋儒呂大臨從祀文廟　大軍過邑境日本兵陷威海衛巡撫李秉衡自煙臺退守萊州邑戒嚴　三月日本就約東省解嚴　六月大水連日大風雨毁屋舍無算蝗害稼　邑令程豐厚修東南角城牆

丙申　二十二年在荊山窪開採煤礦

丁酉 二十三年秋九月德艦入膠州灣遂襲奪青島據之

戊戌 二十四年詔革制藝以經義策論試士未幾復行舊制 頒昭信股票仿外洋募債法以昭信股票息借民財 中德媾和立膠澳租約許德人修膠濟鐵路暨開採鐵路附近礦產

己亥 二十五年春正月上以來歲三旬慶節詔開恩科鄉會試 六月虸蚄害稼 邑令程豐厚重修龍王廟

庚子 二十六年夏五月拳匪肇亂有義和拳者以吞符念咒保清滅洋相宣傳各地毁教之案紛然而起清廷誤信其說召之入京遂致八國聯軍之禍 邑令梁錫祜禁止人民習義和拳以奉東撫袁世凱令斥為邪教嚴行禁止故本邑未發生教案

辛丑 二十七年春大旱 秋七月拳匪肅清與聯軍議和成許賠款四萬五千萬兩

壬寅 二十八年春正月奉諭補行庚子辛丑恩正併科鄉試來年會試

停武科　膠濟鐵路修至邑境　六月設郵政代辦處　秋七月大疫　邑令朱照重修龍王廟及北城牆

癸卯　二十九年秋蝗蝻蚄害稼（晚者一粒不得）　省鑄銅元行使各州縣

甲辰　三十年春正月雷（十二日夜初雷電交作）　改營陵書院爲昌樂縣高等小學堂　改郵政代辦處爲郵局　德人在高鎮探採煤鑛　邑令朱照修西門南城牆

乙巳　三十一年停科舉及歲科試　設師範傳習所

丙午　三十二年部頒禁煙章程　邑令劉顯綱重修文廟　初設巡警局　設師範研究所

丁未　三十三年至聖先師孔子升大祀　秋彗星見東北

戊申　三十四年春旱麥歉收　秋九月詔以顧炎武王夫之黃宗羲從祀文廟　山東設諮議局（邑人劉漢東當選）

己酉　宣統元年大風損麥　秋蚜蝻害稼　八月考取優貢拔貢　詔舉孝廉方正　初設自治籌備公所

庚戌　二年三月彗星見東北　辦自治講習所　秋城區議事會董事會成立

辛亥　三年元旦大雨（自去歲除夕雨終夜不止）　秋八月革命軍起義武昌　縣議事會參事會成立　冬十月山東宣布獨立

中華民國元年一月一日孫中山先生就臨時大總統職於南京

宣布臨時約法改用陽歷　三月南北議和成孫中山先生辭

臨時大總統袁世凱就大總統任於北京宣布共和　成立臨時省議會（前諮議局無形取消至是由各縣旅濟同鄉會公推議員成立臨時省議會）　設立單級教員養成分所　八月成立正式省議會　十月改選縣議會

縣知事黃𨦟捐俸倡辦農務試驗場

二年田賦改征銀元　設立模範初等小學校　就臥佛寺舊址立實業學校　設便民工廠　立森林會（令民凡縣境所有荒山隙地徧立森林出各廠集股每股出制錢五百緡買樹秧栽植各廠名曰民有森林日後樹大變錢先除股東本金其餘紅利與農會均分）

十一月奉令核驗民間田宅文契

三年令解散省議會及縣議會　修西門月城及城北門　設縣立師範講習所　八月二十五日日本以對德宣戰通告二十

六日山東籌備中立 九月日軍由龍口登岸假道攻青島德軍大敗日人入據青島由膠濟鐵路進軍至邑境 十月六日日軍進至濟南佔據膠濟鐵路全綫

四年五月成立城區商會 頒關岳合祀典禮（令以關岳合祀通行各縣） 改視學所爲勸學所 設菸酒公賣分棧（時袁世凱籌備帝制令各省設公賣局各縣設公賣分棧以資籌款）

五年袁世凱改元洪憲（至三月二十三日取消） 四月革命軍由濰縣進佔昌樂 七月蝗蟲害稼 革命軍與民團在喬官邊下一帶發生激戰 九月革命軍退 恢復省議會

六年春大饑 上忙緩征 設立通俗講演所 設第二屆省議

會議員選舉籌備處

七年春瘟疫盛行　設地方財政管理處　選舉第二屆省議會議員（本縣王永昌當選）

八年二月令以顏元李塨從祀文廟　七月瘟疫盛行縣內設防疫隔離所　蟲食豆苗（葉盡復生）

九年設勸業所

十年五月縣知事段瑞蘭重修縣公署　秋瘟（死孕婦極多）　十二月設電報局

十一年八月縣內成立游擊隊　十一月日本交還青島及膠濟鐵路

十二年改勸學所爲教育局　設地方自治籌備處　十二月奉令辦理清鄉

十三年清鄉告竣

十四年改勸業所爲實業局　省公署發行定期有息金庫劵　設長途電話（稱濟青長途電話歸交通部直轄）　發行軍事善後特捐（每地丁一兩征洋二元二角）

十五年奉省令征收田賦於正稅附稅附捐外加征討赤特捐（每銀一兩征洋四元二角）　堵口附捐（每兩洋四元二角）　軍事善後臨時特捐（每兩征洋一元）　設戒菸公所（其實開燈公賣藉以歛財）　設淄青道尹

十六年一月省公署發行公債票（昌樂額列二十萬元分攤各廠限期十年還清未幾張宗昌去）

悉成縱紙 三月縣知事曹宗翰奉令率警備隊民團赴北展剿匪臨山胸窟來股匪五百餘人白道尹調濰光昌樂臨朐安邱沂水五縣警隊會剿在程家莊將匪擊潰擒斬甚多 設平糶分處因春旱糧荒省設平糶處昌樂請准設立平糶分處又於北展設平糶分所購領紅粱三千五百包照原價糶於飢民張宗昌督魯三載惠民之政惟此而已 於城南五里橋築壩穿渠引小丹河水入城壕共費款一萬餘元旋因雨塌圮水仍故道 五月孫傳芳部隊北退過境孫任江浙閩贛皖五省總司令國民革命軍北伐孫敗退至是過境 六月張宗昌召集各縣鄉老會議問民疾苦本縣舉六人赴會 九月雨雹爲災西北至臨朐東南至安邱長八十餘里禾稼菜果淨盡如掃雹積尺餘三日始消

十七年春縣知事王景崇以平糶餘糧賑恤被雹災區 四月國民革命軍克復南京成立國民政府 五月二日劉志陸潰軍

過境迫提地方公款一萬二千五百元　國民軍克復濟南張宗昌北遁日軍乘機攻陷濟南佔據膠濟鐵路昌樂車站亦駐有日兵　五月二十日匪軍入城（時有自稱第（幾）梯團之匪軍入城設立司令部强迫地方供應及提支公款）　八月匪軍南竄（至倫家牟城莊被民團截擊匪乘所掠汽車兩輛大車十三輛繞道遁去次日民團復追擊至安邱境而還）　九月縣長盧鐵公率警察隊及南鄉民團赴鄌郚剿匪（追至安邱石家河莊爲匪邀擊警隊傷二人縣長回城留警隊駐守鄌郚）　土匪陷城（先是有匪首爲盧縣長逮捕下獄其黨詐稱解差入城後刼獄搶庫並擊斃警察隊長盧同箴盧縣長亦被其擄禁自是匪類呼聚布滿城市凡各機關各學校各廟宇以及寬宏民舍無不住有匪徒計前後提支公款截留田賦勒索民財搜括槍枝公私損失不下三百餘萬元）　是年裁淄青道尹改縣公署爲縣政府

十八年一月張宗昌褚玉璞等擾亂福山牟平一帶本城匪首受

其委任遂拔隊東去城內只餘殘部繼續籌款三月劉桂堂匪軍過境始劉佔莒州沂水一帶中央命楊虎城討之劉始北竄至境分駐縣官辛旺北岩邊下等鎮晉督攻城時城內新由晉都開來趙文斌部恐衆寡不敵又招來竇寶璋部與劉匪發生激戰劉匪敗遂西竄設立民團局匪亂以後武力全失遂由邑人關攄塵馬瑞峯等倡議興辦民團以資保衛并公舉邑人趙鱗歆為團總未幾成效大著至十九年奉令各縣設民團大隊部卽由原有民團改編劃全縣為十二區由黨政機關派員監選區長曰清忠區曰西堯區曰二南區曰朱部區曰辛邊區曰北岩區曰窩官區曰張郡區曰北展區曰輪馬區曰營邱區曰阿陀區八月警備第二旅二團一營營長趙文斌調赴濟南訓練原屬竇寶璋來縣後彈壓地面頗能盡力改稱人民自衛團經邑人公請省府改編十二月成立賑務分會基金三千元專辦零星貸款以便小本營生改實業局為建設局

十九年七月晉軍犯魯取濟南東過邑境旋敗退縣長李樹德

修理城垣及縣政府　九月設民團大隊部（縣長兼大隊長另設大隊副）
設册報檢查員辦理縣政府册報事項　改通俗講演所爲民
衆教育館　設平民工廠　建設廳委派電話專員到縣架設
縣有長途電話
二十年改劃全境爲八區設立區公所規定區公所經費（舊區名取消以第幾字代之）　七月設電話事務所（專管縣有長途電話）　設度量衡檢定分
所　成立酒業公會　九月陸軍第七十四師二百二十一旅
因剿匪過境
二十一年一月奉令各縣聯莊會會員實施軍事訓練（十五日一期因由各區辦理成效未著）　建築丹河溎河堯河各橋　五月設鄉鎮長訓練

公所（每月一期全縣鄉鎮長分兩期訓練） 六月設國術分館 十月駐濰縣陸軍第八十一師開拔向昌樂徵大車二十二輛送濰備用 十一月駐濰縣陸軍第七十四師第四百四十四團因剿匪到縣駐紮三日

二十二年一月奉令財政局改爲縣政府第三科建設局改爲縣政府第四科教育局改爲縣政府第五科各科科長即由原任各局長接充 四月縣法院裁撤改設承審處 修築第六區馬宋橋及第七區張次橋 縣長王金嶽率民團同山東第一路民團指揮趙明遠赴鄌郚擊巨匪楊子明斃之 七月成立進德分會（會址設縣政府先後入會者二百餘人） 八月奉省政府令凡本省公

務員月薪在五十元以上者自八月一日起扣薪二成作爲賑款救濟魯西被水災民　成立倉儲籌備委員會奉令本縣應儲穀二千石本年已購起一千二百石　十月縣政府安設無綫電收音機　十一月奉令各縣區長須迴避本籍　修城東門

二十三年一月成立續修縣志委員會邑志失修已久經王縣長招集會議聘任採訪編纂各員組成委員會　四月劉桂棠殘匪竄入縣境次日復潰竄南去劉匪之北竄也尙餘七八百人自安邱陽旭鎮北入縣境經少懷莊黃孟莊韓家河子莊一帶會竄北走省軍由後追擊并有飛機五六架擲彈轟炸劉夜住城角頭辛牟等莊黎明至大汙河車站復回竄至馬宋鎮爲省軍截擊縣長王金嶽率民團至喬官聯擒潰匪三十八名訊明正法劉由鄌郚逃東竄至安邱境大安山中經省軍包圍空軍炸擊死傷甚多俘獲數百人在安邱城正法餘匪以次肅清　修築城東十里堡橋城東北石橋城南老璫河

橋　重修文廟東西兩廡　八月舉行祀孔典禮　十月成立

進德分會

（清）姚延福修　（清）鄧嘉緝、蔣師轍纂

【光緒】臨朐縣志

清光緒十年（1884）刻本

光緒臨朐縣志卷之十

大事表

史家立表編輯古今之事次其歲月約而靡遺景定建康志實祖其例求之邑志或不多見然別爲總紀名異實同揆諸義法又未若表之爲愈矣青州於古一大都會臨朐密邇爲其左輔南北紛擾蹂躪首及典午南渡後羯胡鮮卑之互據劉宋元魏之交爭營壘所在幾爲戰場趙宋末運李全父子營嶽青社朝暮反覆禍亂尤極不有此表事變何由彰哉封建祥異舊志皆別標目今統以時繫振貸之惡亦並著之餘若賦斂有經政教有典關民命繫官守

於事似未可忽然徵諸史冊大都爲天下通制不專主一邑言事既涉同義得從略惟有明一代私家紀載有足備一方學故者采摭乃稍詳焉

昭代以來則雜取昌樂志府志臨朐編年錄古邾紀略諸書參以諸科之滿州耆老之見聞一切傳述失實之詞亦未敢濫收也作大事表（邑事於漢以前殊略沿革已具詳之此表故斷自漢始）

西漢　高后二年夏五月封齊王弟章爲朱虛侯令入宿衛

文帝二年冬十月詔列侯之國春三月立朱虛侯章爲城陽王　十四年春三月丁巳封北地都尉孫卬子單爲缾侯

景帝前三年緐侯孫鄖坐反誅

武帝建元四年夏六月丙子封雕延年爲臧馬侯食邑八百七十戶五年薨亡後表注朱虛拔朱虛非郡名臧馬地理志亦不載疑特割邑戶封之與緐拔諸賢封有別元朔二年五月乙巳封菑川懿王子始昌爲臨原侯傳六世至蓮侯賢表作臨衆封菑川懿王子奴爲臨朐侯傳六世至侯岑表注東海誤元狩元年夏四月戊寅封城陽頃王子雲爲拔侯七月辛卯封菑川靖王子成爲緐侯傳至侯罔王莽篡位絕元鼎五年秋九月拔侯雲坐獻黄金酎祭宗廟不如法奪爵　太初三年帝東巡海上令設祠具封東泰山既至以泰山卑小不稱其聲乃命禮官祠之而不封

宣帝本始三年夏大旱　四年夏四月壬寅地震五行志北海琅邪壞宗廟城郭神爵元年祠遂山石社石鼓於臨朐

元帝初元元年夏六月大飢本紀作二年此從天文志紀云齊地人相食志云琅邪人相食於時朱虛缾臨原皆琅邪地

平帝元始二年大旱蝗民流亡詔民捕蝗詣吏以石斗受錢按班史本紀書蝗者七惟此云郡國大旱蝗青州尤甚臨朐屬青州故載之餘水旱災異先後凡數十見成哀而降詔書屢言比歲不登知其時民困甚矣然率通言之或但云關東邑境罹災與否不可得知概略之恐失實也獨振罕載亦同此

新莽天鳳二年春二月廢諸侯爲民

東漢　光武帝建武六年夏六月并省縣國臨原缾皆廢

二十二年蝗

靈帝熹平二年六月地震　光和六年冬大寒井中冰厚尺餘考范史本紀災異之書凡百有數十曰旱曰蝗曰大水曰地震曰大風曰雨水曰雨雹曰大疫曰大飢和帝以前代不數見自是厥後幾於無歲無之被災之廣極至郡國數十不應朱虛臨朐獨獲豐泰然不可考矣

獻帝初平二年黃巾賊張饒等從冀州還北海相孔融逆擊爲饒所敗收散兵保朱虛縣鳩集吏民爲黃巾所誤者男女四萬餘人更置城邑立學校薦舉賢良鄭元彭璆邴原等以郡人甄子然臨孝存配食縣社　范史有云黃巾復來侵暴融出屯都昌未詳何年事當再考　管甯邴原適遼東

魏　文帝黃初四年徵處士管甯甯自遼東歸詔以爲大

中大夫固辭不受
明帝大和元年八月詔徵管甯爲光祿勳三年十二月復
徵皆辭不受
齊王芳正始二年管甯卒
晉 惠帝元康五年夏六月大水 晉史災異凡言城陽東莞琅邪者舊志皆采之
按宋書州郡志東莞太始元年分琅邪立咸甯二年復以
合琅邪太康十年復立據此則東莞未立以前邑境當屬
琅邪魏書地形志朱虛晉屬琅邪亦其證也然宋志又云
朱虛令晉太康地志屬城陽晉書地理志元康十年分城
陽十一縣爲高密臨朐在焉二縣似又皆隸城陽矣三郡
分併不常邑境何屬史說紛歧無從考實故舊志所采悉
加刊削此獨存之者以兼東莞城陽二郡言也 太安元年冬十二月封劉暾爲朱
虛公食千八百戶 以長沙王乂討齊王冏暾豫謀故永興元年乂死坐免

元帝太興元年秋八月蝗食生草盡至於二月

明帝太甯元年秋八月石虎陷青州邑自是入後趙

穆帝永和七年春正月鮮卑段龕以青州降邑入後趙三十三年自是復歸於晉十二年春正月燕慕容恪大破段龕進圍廣固冬十月段龕降燕悉定齊地邑入於燕

帝奕太和五年冬十一月秦王堅入鄴執燕主暐盡有其地邑入燕十四年自是又屬於秦

孝武帝太元九年冬十月謝元遣兵攻秦青州降之邑入於秦十四年復歸於晉十九年冬十一月後燕遼西王慕容農敗龍驤將軍辟閭渾於龍水

安帝隆安三年春三月南燕主慕容德寇青兗州秋七月遂陷廣固殺幽州刺史辟閭渾遂都之邑歸晉十五年自是又入南燕義熙五年夏四月劉裕伐南燕征虜將軍公孫五樓將步騎五萬屯臨朐六月裕及燕師戰於臨朐城南間道拔城燕師大敗進圍廣固明年裕拔廣固南燕平邑入南燕十一年復歸於晉

南北朝　宋營陽王景平元年春正月魏攻東陽城檀道濟帥師救之軍於臨朐魏軍燒營而遁按宋有昌國西安無臨朐此云臨朐豈史家據舊地言抑諸縣改置在景平後耶建置歲月沿革考略者表皆詳之惟漢與宋闕者以均不悉何年也

文帝元嘉元年秋七月巳巳白雀見齊郡昌國　四年五月辛巳甘露降西安臨朐城　十一年五月丁丑齊郡西

安宗顯獲白雀青州刺史段龕以獻

明帝泰始五年春正月魏拔青州圍已三年執刺史沈文秀青冀之地盡入於魏邑屬晉歷宋凡六十年自是入於北魏時魏皇興三年也

魏文帝承明元年四月大風雹 太和六年七月虸蚄害稼 八年六月虸蚄害稼 九年四月隕霜

宣帝景明初封豫州刺史王肅爲昌國侯食邑八百戶傳三世至侯遜齊受禪降 正始二年三月大霖雨 永平元年九月壬辰地震 五年八月虸蚄害稼

東魏孝靜帝天平二年前青州刺史侯淵劫光州庫兵襲青州南郭攻掠郡縣淵敗奔梁至南青州爲賣漿者所斬由青州至南青州邑境正所經也○

按通鑑梁大通二年魏建義元年魏郢青南荆州既叛附於梁矣而青齊中猶有崔社客反於海岱攻圍青州之事見魏書李叔仁傳梁中大通五年魏永熙二年通鑑又書青州人耿翔殺其刺史降梁矣而天不中猶有此亂見侯淵傳是魏人兩次叛降梁皆未能有其地也府志疑梁未得全境夫青州治東陽城所領七郡皆在其北不得州治何能越有餘郡然直謂梁未得青州何以大清三年東魏武定七年通鑑又有北青州投降東魏之文豈天平至武定十數年間魏人又嘗叛亂而史略之耶邑與州治接壤或南或北邑當隨爲故稍稍詳之非泛爲青州考事也

北齊　宣帝天保七年省併州縣劉宋所置諸縣惟昌國獨存朱虛別省入琅邪

幼主承光元年春正月周師剋鄴後主與幼主極奔青州丞相高阿那肱引周師追至南鄧村獲之邑自是屬於周○顧祖禹方輿紀要南鄧村在臨朐西北今縣東北村蓋齊唐鄧村造石塔記有諸鄧村之文知南鄧村在益都境矣

隋　文帝開皇十四年詔立沂山祠

唐 中宗嗣聖二十一年周武氏長安四年周遣使修沂山祠

元宗開元十三年大有年靑齊斗米五錢粟三錢 二十

七年追贈先賢顔噲爲朱虛伯

天寶十載封沂山爲東安公

代宗永泰元年平盧將李懷玉據有淄青等州官爵甲兵

租賦刑殺皆自專之邑自是陷於李氏如在蠻貊異域

憲宗元和六年大稔 十二年李師道叛命引兵出穆陵

關十四年諸道兵討師道二月平盧都將劉悟執師道斬

之淄青十二州皆平李正已逐侯希逸後與田承嗣李寶臣梁崇義各據一方相與蟠結大縣

十一年正已以子納守青州建中二年正已卒子納自領

軍務旋稱王陷海密貞元八年納卒子師古繼之元和元

年師古卒異母弟師道繼之
邑陷反鎮凡歷五十四年
德宗乾符二年秋七月大蝗
昭宗天復三年春正月平盧節度使王師範發兵討朱全
忠三月全忠使朱友寧葛從周擊師範友寧攻青州師範
以淮南兵擊友寧斬之秋七月全忠自將二十萬至臨朐
命諸將攻青州大敗師範兵全忠留齊州刺史楊師厚攻
青州而歸師厚留輜重於臨朐聲言至密州九月師範攻
臨朐師厚伏兵奮擊大破之師範降
五代　晉高祖天福八年旱蝗大饑
後漢乾祐元年秋七月蝝生

宋 太宗淳化四年冬主簿趙賀率丁壯赴濱州塞決河
真宗咸平四年追贈先賢公西輿如爲臨朐侯賜青州孤
老惸獨民帛
仁宗慶曆六年春三月戊寅地震 皇祐二年麥大熟
五年春三月乙巳大風
神宗熙甯八年二麥大旱京東提舉李邦直禱雨沂山有
應 元豐三年益都臨朐石化爲麪民取食之
哲宗紹聖五年縣令李蕃改建儒學 元符三年敕建龍
神廟於仰天山黑龍洞側賜額曰靈澤
徽宗崇甯二年蝗 三年旱 五年封靈澤廟龍神爲豐

濟侯　政和三年秋八月戊寅封沂山東安公爲王

高宗建炎二年春正月癸巳金宗弼陷青州破賊將趙成於臨朐大敗黃瓊軍遂取臨朐尋棄去　四年九月戊申金立劉豫爲齊帝（邑入僞齊據金沂山碑阜昌間有巨寇類臻號集此山餘黨萬人東阿宰田紹祖討平之阜昌乃豫僭號以未詳何年故附載之）

紹興七年冬十一月丙午金廢齊國（邑屬僞齊凡八年自是遂入於金是時金天會十五年也）

（金史必尊正統此不嫌宋金並列者事以時繫方志之通例也）　世宗大定十七年春三月旱蝗免租稅

章宗明昌二年秋旱大饑

衛紹王大安二年夏四月大旱六月霪雨大饑斗粟千餘錢

宣宗貞祐元年冬十二月蒙古破山東諸郡城郭爲墟

三年李全略臨朐扼穆陵關（時全據淮安欲取益都）興定二年夏五月辛未縣令兀顏吝丁與昌樂令朮虎桓都臨山縣令烏林荅石家奴壽光縣巡檢紇石烈醜漢破李全於日照遷官一級進職一等（出據宣宗本紀田琢傳敘此事在全據安邱以後疑有誤）全冬十月戊申李全破臨朐己未據安邱　三年夏六月益都治中張林以青莒等郡附李全歸宋（邑在金凡八十三年自是復爲宋有）

宋甯宗嘉定十四年冬十一月京東安撫使張林以京東

益都降蒙古邑歸宋二年又入於元十五年李全入青州據之邑自是又爲全據

宋理宗寶慶三年夏五月李全以青州降蒙古元史作十二月與宋史李全傳岐全攻楊州敗死子璮襲爲益都行省傳制其地邑名爲入元實仍李氏有耳

元世祖中統三年春二月山東行省李璮以京東降宋據濟南夏五月右丞相史天澤築環城圍之詔撒吉思安撫益都路百姓璮專制山東三十一年邑自是始爲元有四年夏六月饑至元元年春三月集賢侍講學士李質代祀沂山宋史致祭嶽瀆罕及方鎮沂山祭告之類實自元始代祀之使先後凡十二年廢至此以始事載之餘俱從略者以有碑記可考也二年秋七月大蝗十九年旱免明年租賦

成宗元貞二年冬十二月朐山水　三年春正月隕霜殺桑　大德二年春二月加封東鎮沂山爲元德東安王　六年詔旌卒世顯義行表其門閭　七年夏五月蟲食麥　八年夏四月蝝　九年春三月隕霜殺麥

武宗至大元年春二月大饑夏五月蝝　二年夏四月蝗

仁宗延祐六年夏六月大雨水害稼　七年夏六月蝗

泰定帝泰定元年夏六月蝗　三年饑免半租

順帝元統三年春二月山東運司奏臨朐沂水等縣仍改爲食鹽是年大蝗　至元二年春二月己丑立穆陵關巡檢司　六年饑　至正七年春二月地震　十一年前荒

都路副達魯花赤帖木耳建戍樓兵室於穆陵關　十七年益附益都其黨李華據臨朐築土城　十九年夏五月雨雹害稼是年大饑　二十年蝗　二十二年擴廓圖田豐於益都劉福通自安豐引軍赴援至火星埠擴廓遣將關保邀敗之（方輿紀要云火星埠在縣西南今無之惟縣東南五十里有火照鋪爲穆陵關至益都孔道或即其地未可知也）　二十三年夏六月庚戌星隕於龍山　二十七年秋七月有龍見於龍山巨石重千觔者浮空而起十一月吳王兵取益都路（邑綠於明）

明　太祖洪武二年夏設稅課局冬立學設生員八人供其廩膳（編年錄所載如是蓋本明安邱志按明史生員之數府學四十人州縣以次減十則當有二十人師

生月廪食米人六斗有司給以魚肉編年錄云月米一石亦異三年詔定鎮嶽山川城隍諸神號稱沂山爲東鎮沂山之神設穆陵關巡檢司　十五年夏六月蝗　九年八月修沂山東鎮廟國子生湯宗誠來莅其役以明年將遣使祭告故也明代祭告祈報之使自洪武二年至天啟元年有碑記可考者凡四十一載不勝載故悉略之　十三年春二月舉賢良方正之士四人苗棫陳周昇賀均禮張恪道　十八年旱免秋糧　十九年夏饑　二十年禁采銀礦知縣李瑀修葺儒學學校考略其年月故詳之凡已詳者皆從略他役放此　二十一年春正月振饑是年知縣李瑀修西鄉預備倉　二十四年分置禮讓孝慈忠善仁壽四鄉

成祖永樂十三年饑蠲田租　十八年春二月蒲臺妖婦

唐賽兒反邑境大震
仁宗洪熙元年夏四月旱蝗免租稅之半
宣宗宣德元年典史吳勝祖督丁壯赴役京師　二年夏
四月廷試進士以馬愉爲第一　八年省稅課局　十年
夏五月知縣任榮奉命祭告東鎮
英宗正統二年夏五月知縣任榮奉命祭告東鎮　六年
秋蝗生免稅糧　七年夏五月至六月霪雨傷稼免被災
者田糧是年旌義民王雄復雜役三年　十一年旌義民
朱鑿復雜役三年　十四年夏蝗
代宗景泰四年築城　五年修倉廒

英宗天順元年春大饑振秋大雨閏月田稼盡没是年免
夏稅　二年夏四月蝗免秋糧　四年旱　七年自正月
不雨至於四月
憲宗成化二年知縣卜釗增修倉廒　六年春旱夏四月
巡撫翁世資率三司禱雨沂山有應（禱雨事不一見惟有應始載）九年
夏四月大饑振免稅糧　十五年春正月饑振　十六年
大旱知縣張璉勸富民出粟振濟全活甚衆
孝宗弘治五年秋七月海道副使趙鶴齡禱雨沂山有應
七年修預備四倉
武宗正德六年流賊劉二劉七齊彥名等攻城知縣雷啟

東緑之圍三日解去（啟東未至之先城兩經流寇殘破見邑國稱艘而不詳事在何年考明史山東盜起在宣德三年八月是必五年間事然別無可考無從增入）　四十二年秋九月己卯地震

世宗嘉靖元年土寇王恭作亂邑人陳秩集丁壯平之授秩礦洞把總官并復其家　四年大饑邑人竇慶郎一清等出粟振濟全活四百餘家　五年修東鎮廟　七年大旱　九年立鄉賢名宦祠立敬一亭　十年知縣褚寶剏建朐山書院　十一年夏六月知縣褚寶奉命祈禱東鎮（以備宮未立故）　十二年春旱夏蝗知縣褚寶禱於沂山天乃大雨蝗盡飛去冬十二月整文廟兩廡修明倫堂　十七年七

月庚辰知縣陸月奉命報祀東鎮以元儲誕生也　三十四年知縣

賈東山起縣署忠愛堂　二十六年知縣王家士蒞守洞

鎗手八百名　二十七年始纂修縣志　三十五年巨寇

趙慈等爲亂官軍禦之大關南大風反北賊披靡悉就執

穆宗隆慶二年大水巨洋溢溢漂沒廬舍免田租之半

五年夏四月旱知縣李瑱禱雨沂山有應

神宗萬厤十年冬十月地震是年蠲逋賦　十六年始建

文昌閣　二十一年大饑人食木皮羣盜劫掠　二十二

年大饑振　二十三年太監陳增至縣督采銀礦據史當作二十四年

二十四年大饑邑人楊芬出貲助振　二十六年巡撫

尹應元參礦使陳增罪狀　三十年吏部右侍郎馮琦疏言礦稅之害　三十三年馮琦再疏言礦使之害十二月詔罷采礦稅務歸有司領之　三十四年修文廟　三十八年大旱　四十二年十月十　夜地震　四十三年夏旱蝗秋大饑父子相食遣使賑荒免租賦邑人尹三省出貲助振　四十四年春大疫夏有麥　四十五年旱蝗奉文捕蝗三百石準充儒學生員

光宗泰昌元年秋七月罷礦稅

熹宗天啟元年冬十月地震　二年雨雹　三年春二月雹　四年增驛站民佃竈地鹽課銀一千五百兩有奇

懷宗崇禎二年正月朔南流辛寨以南山市是年裁主簿訓導各一人　三年春㮒羅冬增賦并裁各項額辦雜辦公費銀兩充餉仍加脚價至是凡四加賦矣　四年大水没地無算冬閏十一月登州遊擊孔有德陷新城邑境戒嚴始募民爲兵　五年供億登州米豆六千石夏五月辛砦崔府君廟鐘自鳴雨自六月至於秋九月禾稼大傷　六年春三月夜有兩鬼對哭縣門　七年春正月朔震雷暴雨如盛夏飛蟲皆出已而大雪　八年逢山石鼓鳴　九年秋七月大風拔木雨雹傷稼大者如馬首冬十一月蝻生草竹皆盡　十年春牛大疫至夏弗止冬十月地震　十一年夏四月朔霜傷桑草木

如冬自六月不雨至於十月冬無雪十二月恆霾　十二
年自正月不雨至於七月蝗蝻盈野　十三年始甃城是
年大旱蝗斗粟錢二千有奇正月振五月雨振八月又振
旌孝子王東枝　十四年春正月恆寒恆霾二月河冰清
明無花夏旱秋七月恆雨至於十月冬無雪是年徵米豆
八千餘石輸天津并腳價實費銀八萬兩有奇　十五年春二月乙酉大
冰夏四月恆風霾冬閏十二月
大兵略地連下臨淄壽光等縣騎兵至縣東北境　十七
年春三月大風晝晦盜起攻城知縣朱廻漵禦之城獲全
主簿章以寀之功居多

國朝　順治元年土寇焚毀黃莊明郎中傅國死焉冬十月知縣李藥至　二年蠲免荒田逋賦　三年冬十月土寇焚五井莊明蘭陽知縣來儀死焉　五年夏六月至秋七月恒雨是年豁荒田賦稅　六年土寇攻白塔村李在廷張泳培力禦死之　七年春恆暘　八年清田賦　十七年修文廟　八年冬十月棲霞民于七作亂邑境大震明年七月平
康熙元年解東征米豆　三年裁教諭　四年春夏大旱井泉竭振蠲本年稅已輸者流抵五年　七年夏六月甲申地震有聲如雷棟宇傾覆連日不止秋七月復震冬十

月免被傷者田租　九年秋大旱發帑振饑　十一年始
修縣志　十四年夏四月隕霜殺麥民皆鋤刈其未刈者後復生穗薄有所收
十五年秋知縣廖應召詳除加增稅銀火耗　十八年夏
大風傷麥歲大饑振　十九年復設教諭　二十六年春
二月盜劫縣庫典史王綸追捕至城東爲賊所戕　二十
九年免田租　三十九年知縣陳霆萬催科用滾單法
四十二年夏五月免本年欠稅秋八月停徵冬十月安邱
饑民作亂邑東境大擾青州知府張連登親捕平之　四
十三年春夏大旱人相食秋七月蚜蝻爲災是年振免稅
銀止收臨德二倉糧　四十四年大饑免稅銀止徵臨德

倉糧　四十五年春旱禱雨不應四月始雨　四十七年
春加添火耗每銀一兩加一錢七分　夏六月大旱秋七月雨　四十
八年春知縣郭玘廢滚單法復用單頭應比四十九年夏六月旱
秋七月始雨上人議淘金知縣郭玘禁之九月行鄉飲酒
禮　五十年春正月初二日大風夏旱牛無牧地　五十
一年冬十月　詔免五十二年稅糧及五十年以前
逋賦　五十二年春二月　詔編審人丁照五十年
丁册定爲常額夏四月知縣郭玘議加倉糧耗銀　五十
三年春大旱夏四月大雨始耕公舉前任知縣陳霆萬入
名宦祠是年免稅銀并豁積年逋賦　五十四年春三月

因官養馬加税銀火耗時興師援哈密發帑銀十二萬兩於直隸山東買騾馬運糧米秋七月恆雨八月九月恆暘冬十月始種麥十一月驗馬招青胸左右印五十五年春知縣陶宣議加火耗銀因山東巡撫蔣陳錫捐騾馬銀九萬兩解部之故每正銀一兩加三分五十七年四月不雨至於六月繼大雨河漲淹沒廬舍邑人議采礦秋八月貢生程勳園中杏花盛開閏月修義學五十八年春二月大風三月知府陶錦議開嵩山礦洞詣山致祭九月催民夫充役冬十月拏金井銀井寶井知縣陶宣接董其役五十九年春正月知縣陶宣因開礦費議加火耗每兩加火耗至二錢二分夏六月監礦務吏部員外郎陸師至秋大旱八月礦洞官房火九月

陸師封礦洞立石洞側冬十二月大弁山民聚眾作亂攻掠安邱轉至莒州以大雪寒凍解散　六十年夏五月隕霜殺麥大雨雹六月旱　六十一年春大旱　詔免六十年及本年稅銀自順治至此皆采編年錄以下乾隆朝最略以古鄉紀略外別無可徵也

雍正元年春大饑知府石鏈日照縣知縣成永健至縣振濟三月嚴霜殺麥秋八月旱蝗九月始種麥　二年夏四月蝗蝻徧野知府李秉愈親至督捕載酒食勸農公舉前任知縣張會裕入名宦祠是年蠲免山東租銀一百萬兩臨朐與焉　三年夏四月大旱秋蝦蝻害稼是年奉詔康熙五十八年至雍正元年欠賦分八年帶徵自本

年始　八年夏六月大霖雨巨洋水溢漂没田舍學宮傾圮生員朱松捐貲修葺秋八月地震　十一年蠲免山東租銀四十萬兩臨朐與焉　十三年秋大熟

乾隆元年建文昌閣奎星閣於朐山是年蠲免山東租銀一百萬兩臨朐與焉　二年夏四月蠲免山東租銀一百萬兩臨朐與焉　十二年大饑振　十三年大饑免租銀詔十年降邑於是年輪免　二十年秋七月大風拔木　二十六年冬大寒井冰　二十九年知縣李大純免雜役　三十五年蠲免租銀　三十九年秋八月壽張民王倫作亂擾臨清青屬寇起知縣余閎申守禦嚴密境獨無擾是年歲減

四十五年免糧停徵詔四十二年降邑於是年輪免　四十七年秋八月大雨水毀廬舍　五十年大饑父子相食　五十一年饑振老弱婦女死者無數　五十二年春三月隕霜殺麥　五十八年免租銀詔五十五年降邑於是年輪免

嘉慶元年夏大水壞民居秋大疫　三年免租銀恩詔元年降邑於是年輪免　九年旱蝗　十五年夏霪雨四十日　十六年大旱知縣黃恩彥徒步禱雨於沂山濬龍泉河發倉穀平糶散學穀以振貧士秋剏建朐陽書院　十九年夏旱　二十四年冬大雪旋消巨洋水漲　二十五年冬大雪二十餘日平地數尺

道光元年春正月雪消巨洋水溢壞民田無算秋大疫死者數萬　二年秋霖雨壞民居禾朽於畝　三年秋大旱豆槁死冬無麥苗　八年春恆暘　九年冬十月甲申地大震有聲殷殷如雷十餘日方止民居傾覆壓死男婦數百口　十三年夏五月癸未雨雹大如馬首田中麥禾皆盡停二十七社秋糧於十四年帶徵　十四年秋大風傷稼　十五年春大旱夏五月霖雨害稼秋螟冬十月饑民聚黨劫奪　詔免元年至十年逋賦　十六年春大饑道殣相望歛富民粟振之三月知縣招子庸至發倉粟分糶各社貧者振以錢境內稍安秋大熟冬旱無麥苗

十七年春正月己卯朔大風自正月不雨至於五月秋七月蚜蛂害稼冬十月辛亥地震有聲　十九年夏大雨雹　二十年秋隕霜害稼　二十八年蠲免二十年以前租銀三萬六百三十五兩雜項銀七千五百二十二兩

咸豐元年重修朐陽書院　五年大雨水　六年秋七月蝗冬饑　七年春饑振夏五月蝗災西境尤甚　九年夏旱　十年冬逢山石鼓鳴　十一年春己卯皖匪自益都東下掠縣東界游騎至於北郭秋八月己巳皖匪入銅陵關刼掠九山鹿皋等社壬申仍自銅陵關出乙酉皖匪復北至屯盤龍山四出攻掠武生魏希武糾衆禦之力屈而

死九月己丑僧忠親王軍至營於朐山庚寅與賊戰不利斬將領以徇復戰敗之賊分竄安邱沂水此據邑人蕭超然紀事山東軍興紀略則云九月初二日賊南奔僧王軍馳之越二日敗之譚家坊樊文蓮斬零股於野園莊賊由竇家窪南遁初五日王軍蹙之山溝搶斃無數賊奔安邱之高崖與此不合故附載之冬十月丙子幅匪自三岔店入至五井社大肆焚掠越三日回竄沂博

同治元年夏五月蝗秋七月淄川劉德培據城叛邑境大震八月大疫九月乙丑幅匪犯縣西境入逢峪淄直薄城下城上燃巨礮擊退之匪繞城東南大掠丁卯出穆陵關知縣劉景叔捕得匪黨程四虎於境內械送青州誅之此亦據蕭超然紀事及刑房檔册軍興紀略云青州守高鎮率委員趙曾植鄭啟勳等引勇三百名由朱崖太和進捕

敗匪初八日沂匪數千由臨朐之月莊三岔店五井迎撲
敵勁陣殁鎮被圍石門山青州協領倭鄉軍馳救匪解圍
走趙然紀事無之邑人亦不知有是事也
冬十一月沂匪入破邱從三岔店南
去明年三月淄川平○第與紀略有云捻匪入臨朐知縣
吳贊令外委劉占魁率勇迎擊之遇馬匪於花半領占
魁橫沖其陣出匪不意匪潰向沂水南月莊縱麾而馳討
上文所述捻匪亦擾淄川為益都所敗者謂之土人亦不
知其事也姑附載之
三年春正月乙卯雷大雪三月辛亥大雨水秋
七月霖雨冬雪深三尺　四年春三月大雨水秋七月霖
雨傷稼九月雷雨雹　五年夏閏月雨雹六月雪寒如初
冬秋九月五里莊民劉鵠鶱謀作亂知縣何維堃捕之鵠
鶱遁去得其黨郭似園等五人皆伏誅　六年秋七月丙
子捻匪南竄掠縣東界自穆陵關出官軍尾擊之冬十月

朔庚辰皖匪復自穆陵關入辛巳轉掠而北近城村落焚殺尤酷官軍復尾擊之是日幅匪續至由冶源趨紙坊村壬午刦鄭莊高莊趨逕峪溜西去十一月甲戌皖匪復由安邱儀道潛趨穆陵關官軍邀擊之據土人云賊自是南竄往來不知幾次率沿東界山北皆爲官軍所擊鼠蹊潛行不敢過圩砦肆殺掠矣十一年大水　十二年夏旱秋大水　十三年秋野蠶成繭

光緒元年秋大風害稼冬恆暘　二年大旱自正月不雨至於七月社有流亡刦奪紛起五月饑民馬如瑜吳公仁等聚眾牛山謀亂知縣李祜捕得誅之杜來淸等聚眾大弁山攻掠里社六月青州官軍至來淸就誅餘黨解散秋

蚜蝣害稼冬十月振是年蠲緩租銀蠲免正銀八百十五兩四錢有奇耗銀一百十四兩一錢有奇緩征正銀一萬四千三百八兩有奇耗銀二千三兩一錢有奇　三年春旱復振租銀緩至秋征三月江蘇勸振局嚴作霖金文臺尹德埜等至分振里社忠善鄉全活尤衆秋有禾緩帶征二年租銀　四年夏大疫　五年疫　六年疫　七年夏大稔秋七月蝗不爲災冬立社倉捐積義穀九千石十一月重修朐陽書院是年江蘇大水紳民捐貲助振詳三年之惠也官捐不載

八年春闢迎春門秋大稔　旌廬墓孝子劉長安冬復積義穀九千石始籌書院經費知縣姚延福捐銀五百兩存典生息是年河決濟南宮民捐貲助振振撫局頒發捐冊照章給獎邑人分社集貲冬至千百戶故捐數雜

鉅兩奬敘不及錄九年濟南武定河決官民捐貲助振民捐匯及紳商紳農方也十年夏大稔秋小清河溢高苑博興樂安大水官民捐貲助振如八年例

皇太后萬壽

詔免光緒五年以前逋賦共免正銀一萬一千奇雜銀一千五百奇冬請

旌節婦王學忠妻沈氏烈婦趙福妻史氏等八十一人

光緒臨朐縣志卷之十終

周鈞英修　劉仞千纂

【民國】臨朐續志

民國二十四年（1935）鉛印本

臨朐續志卷二

大事記序

志書比次歲月作大事記亦史例也左氏於爰田邱甲書其始隕石鷁退著其變良以一代政教類屬通制者固應部居而別白之至若事或起於偶然變或發於非常不惟震邑人耳目甚且關全境之利害焉擷其迹著之要用總治亂盛衰於起訖年月斯亦執簡御繁之一法也第自清季至民國如政治因革條教紛更則官署檔案尚可稽其兵燹霾爛之餘資爲刪削獨其間災異事變私家既無統系著述公牘復乏專類記載闕之戾夫體裁傳訛有失徵信蓋難乎其爲載筆矣無已惟有繁徵博諏一考之於殘零案

青島俊德昌南紙印刷局

卷二參之於文人特記三采之於留心者年存歷書眉誌四徵之於各采訪寄示確聞五親詢於耄老之所記憶輾轉互證既確乃筆之計自清光緒十一年起至民國二十三年止共五十年凡叶於大事者皆著之未敢云詳賅也而兩代之政俗嬗變生民慘舒可見其大凡矣舊志稱大事表有乖名實茲於例應稱記焉作大事記歷年賑卹附之不別書也

大事記

清光緒十一年乙酉（公歷一千八百八十五年）

知縣姚諭令各社積倉穀建義塾　秋大熟　臘月大風雪凍斃行人

光緒十二年丙戌(公歷一千八百八十六年)

牛大疫經年不止　秋北鄉大雹災李雙社尤重雀無完巢樹無青葉

光緒十三年丁亥(公歷一千八百八十七年)

正月十三晚雷聲隆隆

光緒十四年戊子(公歷一千八百八十八年)

夏五月初四日地震有聲　民間訛言南匪將至驚皇逃避城門爲塞邑令示諭禁止並演劇安民十餘日始息　蔣峪大水災街宅沖沒殆盡　秋疫蚜蚄生害稼冬無雪

光緒十五年己丑(公歷一千八百八十九年)

青島俊德昌南紙印刷局

春大飢村民流徙山西省者甚衆知縣吳發倉穀賑之　霪雨傷稼秋歉

光緒十六年庚寅（公歷一千八百九十年）

三月隕霜麥盡萎旋重秀未甚減收

光緒十七年辛卯（公歷一千八百九十一年）

三月十五日大風凍桑麥　自二月不雨至五月二十五日始雨連綿四十餘日　秋蟲傷秫穀　廟山寺後等社大雹災

光緒十八年壬辰（公歷一千八百九十二年）

三月降霜凍桑麥清明無花　六月至八月蝗蝻盈野食穀菽及草皆盡　蝗區種晚禾

光緒十九年癸巳（公歷一千八百九十三年）

秋大熟

光緒二十年甲午（公歷一千八百九十四年）

秋七月與日本宣戰佈告中外邑令催修圩寨諭辦團練　日本陷榮城威海衛文登寧海等縣縣聞警大震

光緒二十一年乙未（公歷一千八百九十五年）

正月大雨二月中旬雪連八日平地數尺寒甚清明無花春耕誤時　日本陷劉公島攻擊登州府昌邑縣有逃難入邑境者鄉民大恐慌　六月霖雨四十日

光緒二十二年丙申（公歷一千八百九十六年）

青島俊德昌南紙印刷局

春旱　秋熟

光緒二十三年丁酉（公歷一千八百九十七年）

五月初六日大風雹雹大如碗盞合抱木爲風拔置他所　秋大熟

光緒二十四年戊戌（公歷一千八百九十八年）

德國開始修築膠濟鐵路邑人赴高密濰縣等處包工　考試改八比爲義論體尋復舊　秋蚜蚄害稼

光緒二十五年己亥（公歷一千八百九十九年）

北關復聚號始代辦郵政局　秋熒惑入南斗　冬大雪奇寒

光緒二十六年庚子（公歷一千九百年）

夏拳匪亂邑人多信奉之假仇洋爲名釀教案數起　清帝下詔與各國宣戰聯軍犯北京兩宮幸長安邑人大震　秋蝗蝻爲災　冬大雪

光緒二十七年辛丑（公歷一千九百零一年）

停武科考試

光緒二十八年壬寅（公歷一千九百零二年）

復廢八比以策論義取士　補行庚子辛丑恩正并科鄉試

朐陽書院改爲官立高等小學堂併設師範館　秋大疫五井朱音盤陽等處尤甚　臘月大雪

光緒二十九年癸卯（公歷一千九百零三年）

青島俊德昌南紙印刷局

正月十三日雷震屋瓦　秋舉行鄉試　十一月二十九日晚
地震　德人來縣測繪軍用地圖
光緒三十年甲辰（公歷一千九百零四年）
奉令裁撤綠營改練巡警
光緒三十一年乙巳（公歷一千九百零五年）
停科舉考試　裁教諭缺設勸學總董　設巡警局
光緒三十二年丙午（公歷一千九百零六年）
奉令修鄉土志　開始籌辦絲捐　夏霖雨五日　樂地社雹
災　設勸學員
光緒三十三年丁未（公歷一千九百零七年）

裁訓導缺　設勸學所　始成立商會　秋九月南匪初至擄
九山社岸頭莊姬懷亮之孫以去
光緒三十四年戊申（公歷一千九百零八年）
正月二十二日南匪刼掠九山集邑令甯繼光協同青沂兩防
營捕獲十餘名駢斬之　奉令設統計處　辛寨將峪等處始
設郵寄代辦所　七月二十三日大雨水隱士社青石崖莊廬
舍漂沒五十餘家　十月中旬某夜有聲似雷自東南向西北
震動三次
宣統元年己酉（公歷一千九百零九年）
蚜蚄害稼　舉行拔貢優貢考試　邑庠生譚以箎等控縣知

事郝崇照違法納賄郝離任譚亦黜名民氣大憤　裁撤驛站
改歸郵遞

宣統二年庚戌（公歷一千九百十年）

春隕霜殺麥　設立自治研究所　繪自治區域圖　調查戶
口　設巡警教練所

宣統三年辛亥（公歷一千九百十一年）

元旦大雨　春疫　成立縣議參兩會　秋武昌起義　設團
練總局以譚汝鈞爲團長　十二月清帝退位改建中華民國

中華民國元年壬子（公歷一千九百十二年）

二月初二日盜刼北關復聚商號　青州防營譁變潰兵入境

鄉民大震　沂山王可塤聚衆謀亂縣知事王仁廣捕獲誅之

成立區議事會及董事會　城汛典史兩缺均裁撤

民國二年癸丑（公歷一千九百十三年）

鹽務改歸商辦並增鹽價　縣議參兩會區議董兩會均奉令

取銷　第一屆省議會選舉邑人蕭廷贊當選爲議員

民國三年甲寅（公歷一千九百十四年）

四月始設三等郵局於城內　私鹽充斥鹽犯肆擾及地方治安自是年始

日本佔青島

民國四年乙卯（公歷一千九百十五年）

爲防鹽梟陸軍一連駐辛寨　三月兩雹　縣知事陳寶銘續

青島俊德昌南紙印刷局

辦驗契衙前如市　秋野蠶成繭鄉民大獲利　奉令籌備國民大會選舉邑人王蔭遠劉玟均被舉爲初選代表

民國五年丙辰（公歷一千九百十六年）

袁世凱稱帝改元洪憲旋取銷　五月革命軍下朐城尋爲陸軍擊退程文蔚聶心印殉焉　夏冰雹爲災　秋蚜蝻害稼歲不登　冬無雨雪

民國六年丁巳（公歷一千九百十七年）

春大旱自去年八月至是年五月不雨歲饑北關集賣傢具者甚夥購運關東高粱者絡繹於途　英法兩國招募華工邑人應募赴歐洲者數以千計

民國七年戊午（公歷一千九百十八年）

二月二日地震　成立警備隊　四月十六日大雨雹自八歧山至治源一帶麥一粒不得　南匪焚掠五井治源三岔店璞邱等處擄男婦數百口以去　十一月縣知事鄒允中請旗兵駐防五井　重修文廟

民國八年己未（公歷一千九百十九年）

夏初雨雪　蝗蝻害稼　閏七月十二日飛蝗自西南來落地深半尺樹枝壓折　冬大雨雪

爲魯案交涉全國學生會通電抗議並抵制日貨臨朐各校與焉

民國九年庚申（公歷一千九百二十年）

青島俊德昌南紙印刷局

令各社捐款重修武廟並建築蠶種製造所　駐朐陸軍始撤防（自民五以來陸軍常川駐防至本年五月始調回離縣商民如釋重負）　大雨雹不爲災（春夏之交亢旱夏歷四月二十二日天大雨雹幸麥登場苗尙小故雹雖大不爲害）　秋平安社王立言被匪害內地發生擄人勒贖案自此始　冬多雨雪

民國十年辛酉（公歷一千九百二十一年）

夏秋之交大霖雨　省議會改選邑人馮登階譚炬棠當選爲省議員

民國十一年壬戌（公歷一千九百二十二年）

春隕霜凍麥　夏旱澇不均　直奉戰起各處蠢動營子集被匪搶掠東北鄉多架案　請旗兵一連來朐駐防　高等小學

校開游藝會　修理監獄署　成立自治講習所　裏城隍廟

火

民國十二年癸亥(公歷一千九百二十三年)

三月凍桑　籌立中學校抽收出境繭捐　四鄉搶架案日多

八月城西郭家莊子地裂二十餘丈寬三寸深不可測　中

秋夜紅槍會攻縣署放獄囚焚錄事室看守王守魁錄事馬雲

岫巡長竇希清警士王立昌均死之　絲價大漲　勸學所改

組教育局學潮大起

民國十三年甲子(公歷一千九百二十四年)

修城牆城樓　搶架案數倍往年匪据潘家溝軍警往剿旗兵

青島俊德昌南紙印刷局

二名警士一名陣亡　與安邱昌樂會哨於馮家溝　委匪首馬文龍爲游擊隊隊長旋奉令不准馬忿然棄職去　招安悍匪王得勝爲隊長　成立路政分局　冬無雪

民國十四年乙丑（公歷一千九百二十五年）

春旱　西北鄉土匪蜂起　派員赴鄉催辦路政　梅營長來朐駐防赴鄉游擊需索不貲　吳可章招撫悍匪袁七與大關社上寺院莊發生誤會吳團借口勒索上寺院全莊產業蕩然設招兵機關十餘處奉令征車輛民夫全縣騷然梅營撤防宿國發團自博山來適璞邱莊戒嚴未得入莊餐宿啣之至城迫縣知事拘璞邱紳士陳鴻雲至罰洋一千二百元是年宿團

及馬衛隊長馬文龍駐城募兵招匪供應浩繁支應局十餘人尙不暇給集城內各菜館於一處專供宿閣及馬衛隊酒食

民國十五年丙寅（公歷一千九百二十六年）

馬衛隊長馬文龍駐朐慘毒四溢前中學監學王澍芹中學校長高升堂先後遇害　股匪紀學湯受馬衛隊招撫焚刼冶家山郭家溝兩村縣知事李時亮派員放賑兩次共國幣三千元　馬衛隊又招安股匪王曰治諭令集中辛寨　鄧團假名剿匪搶掠辛寨一空　栗振魯團來朐駐防又招安土匪鄉間搶架案多不勝紀　馬衛隊栗團先後撤防民心大快　冬大雨雪　十二月二十二日孫匪小司令攻破青石崖寨烈士井錫

青島文德興南紙印刷局

琨死焉

民國十六年丁卯（公歷一千九百二十七年）

淄青道尹白璞臣奉令駐朐剿匪並調壽光益都臨淄濰縣昌樂安邱沂水博山等縣警團協剿以道尹爲司令捕戮無算匪患稍平　設義烈祠於文廟東偏祀陣亡將士　馬文龍在濟南伏誅邑人大快之　辦理平糶（由山東平糶總處發來紅糧一千包計重十六萬斤分運各社出售定價每斤銅元十四枚即京錢二百八十文）　白道尹倡立道院設紅卍字會　謝全好王二麻子兩悍匪又在西山蠢動　孫傳芳軍隊過境約數萬人（東南鄉大被擾掠）　魯督張宗昌招開鄉老會　縣知事馮祖仁被誣調省尋賴鄉老昭雪復回任　賈團來朐駐防　騎兵

十六旅李冠儒步兵十六旅張駿先後率全部過境南下　承
恩平安等十六社雹災　南匪大至擾害米山等十餘社經民
團總指揮譚榮堂跟蹤追剿至蒙陰邊境孟坡磁峪等村奪獲
俘虜無算　冬設粥廠於南關（由縣知事捐廉開辦省署撥來奉吉黑等四省捐助賑粮八百包並由各社分上中下三等派募捐款更由絲廠各家每箱絲助洋一元後捐款未繳清不敷洋三千九百餘元由公款補助統交紅卍字會經手辦理）　本年益都臨朐間始開汽車

民國十七年戊辰（公歷一千九百二十八年）

南匪焚掠王家莊子等數村男婦慘死四百數十餘人馮知事
移粥廠所餘紅粮派卍字會前往發放急賑省署賑國幣兩千
元　義記等商號出資購紅粮一千二百五十四袋設平糶處

並於五井辛寨蔣峪寺頭各設分處　五月三日日兵佔濟南發生慘案　九日成立臨時縣政會推馮知事爲委員長易靑天白日旗組織黨部歡迎革軍實行反正　魯東民軍司令劉荆山派兵來朐要馮知事去壽光並委邑人譚榮堂爲縣長組織臨時縣政府　尋以兩萬元贖回馮知事馮旋離朐又組織治安維持會　戰地委員會委縣長劉篤培來任未幾泰安省政府又委縣長張光煒至劉去　駐安邱南軍謝文炳索款四千元以去　夏大雨山洪暴發辛寨蔣峪柴家莊冕崮前鹿皋岸靑虎崖曾家寨等數十餘莊淹斃男婦四百八十餘名口房舍倒塌田禾沖沒損失無算　秋飛蝗大至區域廣漠災情奇

重　華洋義賑會派費牧師來賑水災在辛寨蔣峪等處散放國幣一萬五千元濟南紅卍字會募來紅粮兩千袋賑水災又續發紅粮一千袋賑蝗災邑人李萬泰捐紅粮四十六袋隨同發放　土匪大猖獗五井花園河紙坊柳山寨椁羅林子等莊均遭焚刼　青州劉振標叛亂益都李縣長被迫來朐駐閔家莊邑北境大震劉旋派兵犯赤澗逼朐城經團警擊走之　蠲免承恩平安等十六社雹災區域地丁銀七千餘兩

民國十八年己巳（公歷一千九百二十九年）

縣長張光焯督剿王二麻子悍匪於方山未下　派員赴沂水請楊虎城部來駐防不果至青州亂軍奉令駐朐張縣長電請

制止並調警團在赤澗防堵　四十六師劉玉林團長圍攻方山下之王二麻子逸餘匪繳械　栗山等社雹災賑國幣三千元　濟南紅卍字會派員來朐攜國幣四千元賑鹿皋九山朱音紙坊逢峪等百餘村

民國十九年庚午（公歷一千九百三十年）

春多雨　國軍東下省府移青島晉軍南至穆陵關即北退與國軍交綏於閔家莊　崔縣長率隊赴東鄉剿匪隊長王文蔚被擄旋脫險　匪据嵩山聚粮崮將擄去村民未贖者殺死拋崮下肢體碎裂慘不忍覩警團會剿未下劉永基團來朐游擊喬師圖攻聚粮崮招降之　本年雹雨四次朱包楊善等社

秋禾盡毀 始設置一二三四各區區長（紅卍字會再賑孫家莊呂匣店子寺頭九山上）

（下洋河等數十村施國幣一千五百元）

民國二十年辛未（公歷一千九百三十一年）

四月二十五日大雨雹自上五井至治源東南麥損半數 悍匪王百川等復佔聚粮崮軍隊圍攻匪竄柳山寨軍隊與鄉團發生誤會柳山寨死男女四十餘名口 匪焚刼六區大溝莊

喬師撤防張營孫營劉營盧營相繼至 民團軍械槍刼財政局一空李保成營長來朐換防 史秉直督工鑿毀聚粮崮險要 省賑會來朐賑柳山寨聚粮崮兩處災民施國幣四千元 架設縣有電話 絲價大跌

青島俊德昌南紙印刷局

民國二十一年壬申（公曆一千九百三十二年）

雜科發生兩命案　匪焚刼八畝地莊（賑洋一百三十九元）　發行絲業救濟劵組織基金保管委員會因劵價折扣北關罷市　匪据嵩山焚殺附近各村民衆陳德馨旅剿平之傷亡嵩山尹士等鄉聯莊會丁十餘名陳旅旋解決柳山鎮聯莊會凡殺三十餘人　悍匪孫老大王化平先後刼掠五井南流盤陽等集　魯東民團軍趙指揮來朐駐防　冬匪刼獅子口莊焚殺甚慘（賑分會撥款四百五十元發放急賑）　絲價更跌絲商倒閉百餘家

民國二十二年癸酉（公曆一千九百三十三年）

改財政建設教育等局爲縣政府第三四五等科　架設省有

長途電話　沂水紅槍會亂邑東南境大震　益臨汽車在大關被刼 遇險者七人內有田執法官王副官 旋救出　趙指揮調省甯旅長來朐駐防修治城關道路建築東河操場　縣長羅毓麒被商民喊控押解赴省旋撤任省委周縣長溢朐　冬菸葉價值大跌

民國二十三年甲戌（公歷一千九百三十四年）

劉桂堂部竄擾沂水安邱等縣邑南境大震　秋甯旅長調益都田營來朐接防　九月成立續修縣志處　十一月十六日八區各區長一律奉令取銷　秋熟　菸葉價大增　史秉直請准開採五井煤礦　成立國術館 以縣長兼館長郎郁廷副之 　冬多陰雨天氣暖

青島便鑄昌南紙印刷局

臨朐續志卷二終

【道光】安邱新志

(清)馬世珍纂修　(清)張柏恆增訂

民國九年(1920)石印本

安邱新志卷一

邑人馬世珍席公原纂

邑人張柏恆雪航增訂

總紀

康熙二十一年壬戌知縣陳文煥自十八年到任○秋廣學額五名

二十二年癸亥春行鄉飲酒禮大賓馬益達

二十三年甲子秋有蟄龍起大雨時有室女梭落澗濱手右手拾甲內逸有紅線寸許作盤屈狀年餘不滅亦無所苦今秋雷雨大作女出其手於窗外忽震雷砰訇自窗間起有龍出于甲中騰空去但甲分裂餘無恙

二十四年乙丑春二月頒御題萬世師表匾額於學宮○祀王業弘於鄉賢祠○秋大疫

二十五年丙寅秋七月頒　御製至聖先師贊立石學宮

二十六年丁卯春麥米折色銀統歸地丁○秋大水○冬行鄉飲酒禮大賓韓泳

二十七年戊辰春知縣劉鳴陞至○秋建朱子祠在東門外[illegible]圃春前邑人劉涂涂建○祀馬懋於鄉賢祠

二十八年己巳春二月　詔賜耆耋衣帛米肉○閏三月頒　御製四配先賢贊立石學宮○秋七月置義塚知縣劉栯作為之○蝻生

二十九年庚午春文廟始立下馬碑○歲饑免田租○秋九月　詔建常平倉積穀防饑

三十年辛未春正月初分甲舊例全社一人應至是分作十餘甲聽比者多民間始有適矣○免

漕糧

三十一年壬申春行鄉飲酒禮大賓劉有恒○夏六月隕星

三十二年癸酉春新文廟兩廡邑人黃烶以捐貲為之

三十三年甲戌夏五月魏瑄殺妻子瑄四月為應童子試一日持刀入室殺其妻並子女三人不自知也或以為風疾云

三十四年乙亥夏查驛馬以征噶爾丹也○秋知縣戚象理至○冬行鄉飲酒禮大賓常俊彬

三十五年丙子夏四月初覆試童生舊例各屬童子業經覆學使劉諱吉鋒牒覆五次按六等衡文有被黜者反大棄後仍依原學額數○廣鄉試中額十四名以北征大捷也○廣學額五名○大雨雹

三十六年丁丑春大旱免漕糧○夏知縣馬若麐至
三十七年戊寅春催徵行滚單法○三月改童試次藝為小學論
三十八年己卯夏五月赦○秋厯鄉試中額七名○大有年○祀
劉鵬翥李淑孚於鄉賢祠
三十九年庚辰秋九月有流星大如盂出危入井逢勃有聲（在月之十一日）
四十年辛巳春署知縣鄧準至○雹雨
四十一年壬午春祀張嗣論張繼倫於鄉賢祠○秋行賓興禮○
冬祀孫康周於鄉賢祠
四十二年癸未秋大饑○八月城守戒嚴（因諸城海寇猖獗也）○雹雨○知

縣許國楨至。九月　上遣使賑荒點饑民。冬十一月饑民不靖旋捕治之鄉保李奉初倡糧不借人捏之派列云年穀歉收兵者且借於有異日倍償可也于是從借強擄者百十戕牽持械入人家室邑無盜字纖知其不可乃於南郭捕一夆食人立斃杖下後獄死者坊傳死者憑說死者屍猶成塊永攜民玩致多死焉不其然歟。班匠銀攤入地畝。停徵

四十三年甲申春大饑民人喜賣而找熟州民多攜錢不得食而死。大桃錢。李和之等聚劫伏誅。三月　詔免田租並歷年逋賦。秋七月頒

御製訓飭士子文至儒學

四十四年乙酉春　詔免田租。夏五月大風晝晦月之十八日。秋

廣鄉試中額十名。廣學額五名。大有年斗米錢二十六。禁桃錢。

嚴盜賊之禁

四十五年丙戌春行鄉飲酒禮大賓徐□

四十六年丁亥春復行之大賓沐董琴　○夏四月　詔鑄大錢布行天下一文作二文用

四十七年戊子春三月收監生馬庭範等一百四人於獄十三日邑令比捏與一應者二十七日又比里正單頭桌棋因庭範等倡言散糧竟冒昧收之從桿出　○秋廣鄉試中額三名○冬十月知縣陳猶龍至○祀馬長春李沁於鄉賢祠

四十八年己丑春正月朔日有食之○夏五月赦囚○修府志知府張建會修邑人張自與修○修文廟○修朱子祠○冬城南鄰雞犬有言南鄉民斗福周家畜一雞忽作人語殺之無血又流黃村有徐三者夜半聞呼門聲開戶視之寂無人惟一犬在旁因逼呼門者即汝耶犬曰是也爾將奈何徐乃以梃一擊之犬即遁去不可蹤跡失雞犬所言所在一時識爲異事

四十九年庚寅春　詔武職入文廟朔望一體行香

五十年辛卯夏五月異風二十三日樓房推倒大木皆拔壓死多人地上間留異跡○夏六月復分甲為單○秋廣鄉試中額十二名○祀張民感劉有恒於鄉賢祠

五十一年壬辰夏五月黃巖鎮遊擊顏福玉征海寇戰殁　詔贈驍騎將軍蔭一子○升祀朱子於西哲位題主曰先賢○冬　詔免下歲田租並歷年逋賦

五十二年癸巳春赦○定丁銀以五十年為常額是後滋生人丁永不加賦○三月特設鄉試廣中額七名八月會試○秋廣學額五名○祀劉源淶張貞於鄉賢祠

五十三年甲午春祀范仲淹於學宮。二月 詔免田租。秋八月 詔武生准應文鄉試廣中額五名。冬十月 詔賜耆耄衣帛米肉。知縣羅英至。大饑

五十四年乙未春行鄉飲酒禮大賓周臨生。秋大水

五十五年丙申冬行鄉飲酒禮大賓劉儼。十一月天鼓鳴有流星大如盆光芒觸地二十日戌刻。採買騾馬

五十六年丁酉春正月宮庭焚傷人甚衆斃馬數匹。秋廣學額十三名

五十七年戊戌夏生員吳莳誓神死莳生事興訟詐害多人邑人合詞控府莳狡變百端難以憑徵令赴城隍廟神前設誓誓畢自嚙舌而死。冬行鄉飲酒禮大賓張在辛

五十八年乙亥春大赦。冬十一月鞫士林不法伏誅。知縣金

用楫至

五十九年庚子秋廣鄉試中額三名○九月欽命吏部員外郎陸師視礦山左駐安邱（擇山開礦得不償失題請封閉至今賴之）○祀周泰生於鄉賢祠○知縣王者香至○冬行鄉飲酒禮（大賓胥進）

六十年辛丑夏四月濰水竭○雨雹（時大旱四月二十二日忽大雷雨繼以冰雹紅河等處尤甚六月東邱等處亦被災）○冬十一月賑饑

六十一年壬寅夏五月大風雨雹（二十一日淡河等處被災）○修府志成（前知府張修府志尚未開刻去任今知府陶錦繼修之至是刻成邑人張在辛與修）

雍正元年癸卯春詔進封先師孔子五代王爵改啟聖祠為崇聖祠（木金父公為肇聖王祈父公為裕聖王防叔公為詒聖王伯夏公為昌聖王叔梁公為啟聖王）○以張迪從

祀崇聖祠。免順治十八年康熙元年被災州縣錢糧。令各州縣建忠孝節義二祠。令各州縣行鄉飲酒禮勿得草率。奉詔墾田。秋廣鄉試中額九名。廣學額七名。冬十二月　詔祀黄巖鎮遊擊賴福王於忠臣廟。修鄉賢節孝祠神位換石刻張在辛捐修。有火災

二年甲辰春祀牧皮縣亶樂正子公都子萬章公孫丑諸葛亮尹焞魏了翁黄幹陳淳何基王柏陳澔趙復金履祥許謙羅欽順蔡清陸隴其於學宮。復祀遽瑗林放秦冉顔何鄭康成范甯於學宮。令擇老農勤樸者歲舉一人給以八品頂帶。夏　詔建劉猛將軍廟按降靈錄將軍名承忠吳川人元末授指揮使弱冠臨戍兵不血刃盜賊皆竄逃適江淮千里飛蝗遍野將軍

被髮伏劍東西逐逐須臾蝗盡出境流涸矣卒自沈於河有司奏請立廟敕封猛將軍○秋大有年○建育嬰堂○知縣金用楫補原缺回任○祀王錫衮於鄉賢祠

三年乙巳春　詔先師諱加阝旁讀期音丁祭用太牢○夏詔祀關廟亦用太牢追封三代公爵曾祖為光明公祖為裕昌公父為成忠公按解州關廟碑帝曾祖失考祖諱審字問之號石磐居解州常平村寶池里沖穆好道以易春秋訓其子孫父諱毅字道遠性至孝父歿廬墓三年於桓帝延熹三年庚子六月二十四日生帝帝娶胡氏於靈帝光和元年五月十三日生子平文武廣虞初志○定名宦鄉賢祀典○頒　聖諭廣訓至儒學○秋建顏公祠在學宮左祀邑人補福王○錢糧耗羨歸公○署知縣鄭為龍至○秋裁鹽商郴州知州鄭象晉邑事以鹽商屬民稟請裁革攤鹽課於地畝邑人便之○冬知縣李聚德至○頒　御題生民未有匾額於學宮

四年丙午春建先農壇○丁銀攤入地畝每丁銀一兩攤一錢一分五釐零○三月廣學額五名永為例歲科兩考皆以二十人為額○定雜稅無常額○勘還地迷失錢糧均攤民田○知縣陳姚英至

五年丁未秋建文昌閣在學宮東邑人張光岳建

六年戊申春　詔舉品行才猷可備任使者

七年己酉秋　詔免下歲山東錢糧四十萬○行賓興禮

八年庚戌春廣會試中額至四百名○定新倉○秋大水

九年辛亥春　詔免田租○知縣席泰至○大有年

十年壬子秋廣鄉試中額七名

十一年癸丑春　詔免山東錢糧四十萬○三月莒人呈爭學額

不克○秋頒　上諭二部至儒學每部二十四冊○有火災是年四[illegible]發有火災坊中後氏寶書樓過禍尤酷

十三年乙卯春饑○秋舉人李瀅赴江南充同考官此科江南同考有旨不聘州縣鄉有選取進士舉人未仕者咨送入康瀅與其選分第三房○有年○令民輸粟入倉○攤寄莊外徵銀入地畝○建陸公祠弥安陸師前封播山礦洞民感其德建祠祀之在學宫東

乾隆元年丙辰春　詔舉博學鴻詞邑人李瀅應薦○蠲免田租十分之四○裁瓜果等稅○秋特設鄉試廣中額二十名○廣學額七名○冬十月知縣賈槐至

二年丁巳春　詔復故大學士劉正宗原官○復廩膳銀康熙元年裁三之二今盡復

三年戊午春頒　御題與天地參匾額於學宮○改諸城軍屯隸安邱○夏升祀有子於東哲位定十二哲○重修學宮鑿泮池教諭叢深倡修

四年己未春建甯公祠在汶水北祀訓導甯射處○秋行賓興禮

五年庚申春渠風集刻成安邱諸家詩爲長淑集而刻之○玉屏山樵詩文刻成邦安陸師晉爲封碩事有德於安邱馬長淑刻其集傳之所以報也

六年辛酉春頒　上諭四部至儒學性理一冊士習一冊三欵同源一冊文武合表一冊○頒　欽定明史至儒學百二十冊○頒　欽定四書文至儒學○秋劉其旋舉解元自癸卯曹貞吉後至此科又見○冬　詔舉直言極諫如陽城馬周者

七年壬戌春三月知縣范華至○秋七月濰水溢二十七日水溢十餘里人畜漂沒○頒　欽定文廟樂章至儒學

八年癸亥夏四月頒　上諭二部至儒學皆　世宗所著○冬十月知縣劉騰鯤至

九年甲子春頒學政全書至儒學○頒文廟禮樂器至學宮○夏四月龍見東村民劉思文強占其寡嬸麥四畝二十日率眾刈之忽有龍攫入空際移時擲粒紛飛思文一粒不獲史驚病幾殆人以為與良之報○冬十月彗星見西南逾三月乃滅

十年乙丑春修倉貯府穀○夏四月知縣黃瑤至

十一年丙寅春頒　御纂周易折中性理精義　欽定書經詩經春秋傳說彙纂至儒學

十二年丁卯春旱大饑自去年八月不雨至於夏四月○冬　詔發粟賑饑○十
二月知縣嚴錫綬至
十三年戊辰春大蝗大疫大水大饑○二月　詔免田租○三月
頒　欽定明史綱目至儒學○冬十一月賑荒點饑民
十四年己巳春饑○秋大熟○府穀歸於縣○定文廟引贊生八
名樂舞生各三十六名備補生二十名
十五年庚午秋九月知縣米華國至
十七年壬申春特設鄉試會試設於九月○四鄉各建社倉
十九年甲戌春行鄉飲酒禮大賓李溥
二十年乙亥春大風拔大木無數○頒平定金川碑文至學宮

二十二年丁丑春　詔去鄉會試表判添排律詩

二十三年戊寅春山左詩鈔刻成德州盧見曾選安邱入選者數十家

二十四年己卯春新學宮○夏閏六月頒平定伊犁碑文至學宮

○秋九月頒　欽定三禮義疏至儒學○裁夫馬去馬二匹夫一名

二十五年庚辰春三月頒　大清律例　欽定督捕則例至儒學

○夏五月朔日食既申刻盡晦移時覩面不能辨○秋特設鄉試○知縣馮廣

謙至

二十六年辛巳春新城池○秋頒　欽定鄉會墨選至儒學○冬

大寒井中結冰厚尺許

二十九年甲申春新城堞並城樓○夏六月蝗十四日飛蝗大至二十六日蝻生遍

王杞嵗尤甚 ○知縣張師元至

三十年乙酉春始置峗山汛設衙署移外委官居之

三十三年戊子春二月大風初二日風大起塵落如雨蔽日昏黃人罷晨炊高岸深谷幾為變形麥苗一空此後年多風災歉 ○夏四月知縣張東至○新縣治

三十五年庚寅春 詔旌耆老周質門時年一百五歲 ○秋七月天色赤二十八日起西北白氣界之夜分始沒 ○特設鄉試○廣學額七名

三十六年辛卯夏四月異風十七日東鄉民高世臣以車載布息大樹下風至樹拔出人與車俱捲去三四丈灘水東一寺被風撤去寺窗牆倒留異跡 ○五月大水汶河氾溢淹壞民居逢王等處尤甚 ○冬十月 詔免田租

三十七年壬辰春二月天鼓鳴有赤星大如盆自西北流東南光

明如晝[初四日戊刻]○秋八月　詔採遺書[邑人曹貞吉珂雪詞入四庫館]○冬十月

知縣李冠瀛至

三十八年癸巳春修櫺星門[按櫺星一作靈星即龍星也蓋龍左角有星曰天門尊聖人之門等於天門欲之至也]

三十九年甲午秋七月大蝗[十九日蝗落地厚數尺飛集樹上巨枝爲折]○九月有警[壽張縣教匪王倫作亂安邱戒嚴]

四十一年丙申春二月大風蔽日樹木有光○冬十二月知縣

瞿朝宗至

四十二年丁酉春廣學額五名

四十三年戊戌春　詔免田租○三月龍見於濰[初六日水面有二龍作交合狀]

○冬十月知縣萬昊至

四十四年己亥春旱○秋特設鄉試

四十五年庚子夏趙邠卿孟子注刻成邑人韓岱雲捐款百金發剞劂緊也

四十六年辛丑春設義塾知縣萬捐俸爲之○夏霪雨汶水溢五月至六月月餘不晴

四十七年壬寅春新城隍廟○三月隕星於東北二十三日夜隕迸赤有聲○

夏四月　詔士子兼試五經舊例各試專經今令每試兼用一經迨五科既過則五經並用不分經矣

四十八年癸卯春饑

五十年乙巳春夏大旱自去年九月不雨至於秋七月○大蝗蝗飛蔽天日每落地厚數尺大樹多壓折人有不辨路徑陷入溝渠不能自出遂爲蝗所食者眞奇災也○冬饑○大雪平地深五六尺

五十一年丙午春大饑（斗粟二十餘錢）○夏有麥○大疫○秋宋均舉解元○冬十二月　詔賜耆耋衣帛粟肉

五十二年丁未大有年

五十三年戊申秋預舉鄉試（以恩作正定恩科於次年）

五十四年己酉夏四月知縣謝保齋至○行釋奠禮（禮廢已久知縣謝下車即舉行之）

五十五年庚戌春三月隕霜殺麥復生（二十九日）○夏廣學額五名

五十七年壬子春新學宮

五十八年癸丑春　詔免田租○秋九月蝻生（有鳥食之）

五十九年甲寅秋特設鄉試○冬設粥廠

六十年乙卯夏四月有流星大如盂自北而南燭地光明有聲。秋蚜蝗害稼。行賓興禮視前儀文頗多筵亦豐潔。八月　詔天下耆老赴千叟宴邑人李炎與焉

嘉慶元年丙辰春正月朔日有食之。免歷年逋賦。大赦。秋八月霪雨濰水溢初十日汎溢十餘里倒壞民居漂沒人畜無數。九月頒　御題聖集大成匾額於學宮。冬廣學額七名

二年丁巳春三月濰水溢初三日大雨壞橋漂沒舟楫。修縣志未成知縣謝廷邑人馬世珍修譜未及成衡去任事遂中輟。冬出夫修黃河知縣謝奉安帶民夫數十人赴河工

三年戊午冬十月地震

五年庚申春廣學額七名。秋特設鄉試

六年辛酉夏六月知縣沈潜修至○秋多雨
八年癸亥春正月大雨雪
九年甲子秋九月知縣祿明至○行釋奠禮
十年乙丑秋旱蝗
十二年丁卯春三月大風晝晦己丑日中時○秋七月署知縣吳端明至○置義塚在城南知縣吳置○修印臺未成知縣吳去任遂止可惜也
十三年戊辰春二月知縣段充宗至○秋特設鄉試○行賓興禮
十四年己巳秋築友善亭於儒學為訓導趙球築○冬十一月知縣淩旭升至
十五年庚午春 詔修國史採遺書主事李湘薦以劉源淶續近思錄讀書日記曹貞吉珂雪

詩詞上編修程贊清以張貞鄉賢傳杞紀半部彙四集上書入文苑傳劉入儒林傳張附儒林傳○秋多雨

十六年辛未春旱饑○秋多雨

十七年壬申春饑○冬大寒○續渠風集成(邑人劉芳曙集)○冬十二月

知縣呂紹賢至

十八年癸酉春大饑○夏彗星見(在天之正中兩月餘乃滅)○秋有警(河南滑縣山東曹縣定陶金鄉教匪滋事三月平之時安邱戒嚴)○續山左詩鈔刻成(學使張鵬展選安邱入選者數十家)

十九年甲戌春寒

二十年乙亥春二月縣治燬(知縣呂奉委解銅家人不戒於火閣署屋宇全燬什物一切無存人僅以身免)○秋修縣治

二十一年丙子春修文廟(教諭杜塔倡修)○秋九月署知縣王鎮至○冬

十二月知縣唐世謙至

二十二年丁丑春修城隍廟○公舉節婦黃長林妻匡氏年百歲知縣唐匾其門

二十三年戊寅秋特設鄉試○廣學額七名

二十四年己卯冬十二月大雨河水汎溢橋梁盡壞

二十五年庚辰春大風○夏五月劉燿椿入翰林○六月大雷雨東城樓起蟄龍壞樓檐一角龍爪宛然

道光元年辛巳春　詔免歷年逋賦○大赦○三月知縣趙天賜至○廣學額七名○夏六月朔日月合璧五星聯珠○秋特設鄉試廣中額二十名○八月大疫病者吐瀉不止往往醫治不及老弱更甚後有善針法者挑之出黑

血旋即愈○周進階舉解元

二年壬午春頒　御題聖協時中匾額於學宮○秋祀劉宗周於學宮○赦女囚以上皇太后徽號之故

三年癸未春　詔舉孝廉方正舉人曹元爵應試高等以知縣用

四年甲申夏祀呂坤黃道周湯斌於學宮○五月大風○秋大有年

五年乙酉夏彗星見在東南方白氣閃之夜半始見迄三月滅

六年丙戌春祀陸隴其於學宮○二月知縣周崇禮至○冬十一月署知縣阮烜煇至

七年丁亥春三月地震○星晝見○夏六月知縣莫元遴至○大

熟如笑者十餘日

八年戊子夏祀孫奇逢於學宮○秋修節孝祠○冬行鄉飲酒禮大賓李榮紳○山左時文鈔刻成濰縣劉鴻翱選安邱人選者數十家

九年己丑冬十月地震二十二日夜門初窗紙作聲門環皆響旋覺動搖逮日數次益都臨朐城壞房屋有傾倒者

十年庚寅春行鄉飲酒禮大賓曹鵬雲○頒平定喀什噶爾碑文至學宮○山左古文鈔刻成亦劉鴻翱選安邱入選者十數家

十一年辛卯秋八月知縣福鴻至○預舉鄉試以正作恩科正科於次年○修鄭管祠○修陸公祠皆訓導何景錕倡修

十二年壬辰春行鄉飲酒禮大賓劉鍾文未赴以疾卒再舉大賓薛同雲○夏五月李

湘榮入翰林。節孝祠初置祭田（知縣福置入官田中地一頃一畝有碑記）。秋霪雨。新城隍廟

十四年甲午春設義塾（知縣福立並以入官錢買地數十畝以供塾師束脩之費）。修濰河岸。置義塚（皆知縣福捐貲為之）

十五年乙未秋特設鄉試。八月知縣王懷曾至。鞠殿華武闈探花及第。冬行鄉飲酒禮（大賓孫炳震）

十六年丙申春饑

十七年丁酉春饑。有警（正月初八日濰縣妖人馬剛作亂旋伏誅時安邱戒嚴）。冬行鄉飲酒禮（大賓孫人傑）

十八年戊戌春夏大旱饑（自十二年每年旱澇不均連年饑饉又從去年八月不雨至於今五月麥禾皆

無六月始雨植菽可種○秋八月隕霜殺菽十九日大霜菽未熟盡枯然歲一無望矣○大饑斗粟十五百錢

十九年己亥春大饑餓孚滿野流亡相屬賣妻鬻子者吏僕難數○夏隕丹殺麥四月二十八日隕黃丹五月初二日又隕黑丹麥將熟盡死○秋預舉鄉試以恩作正定恩科於次年

二十年庚子秋有年○嘉禾合穎在劉氏畝

二十一年辛丑春正月大風雪二十六日自巳至申風助雪急平地深數尺行路者凍死多人是日為嫁娶吉辰親迎者或往姊家或於路借宿無一得回家者○二月知縣張夢祺至○三月大風屋草皆無拔出大木甚多○夏五月李湘華入翰林○大熱十餘日如焚牆壁皆不可近至六月初七日雨後乃差○新縣治知縣張捐俸為之○秋大有年

二十二年壬寅夏六月知縣齊棟至○建節烈合坊貧苦節烈無力請旌者合

建一坊於節孝祠東櫝典也 ○ 廣壽餉例捐軍需者校官外附學生准捐訓導俊秀准捐武監生以海防用兵需餉故也 ○ 秋大有年

按前志皆先總紀綱目例也新志尊而奉之矣其添載祀鄉祭舉大賓者罕見也重典型明禮教也旌表節烈前載之而今不載者多不勝載也然則節烈合坊胡為乎載之特典也亦前所無而今始有也至於舉解元入詞林必書所以勸也修縣志修印臺雖未成必書情無以為繼也署令至不書而間有書之者賢之也偶爾至止不以膜外視之鋤惡棍懲蠹胥除暴即以安良世風不古德禮不概見矣而有道以政齊以刑者非今天下之賢司牧哉

【民國】續安邱新志

孫維均、章光銘修　馬步元纂

民國九年(1920)石印本

續安邱新志卷一

總紀

道光二十三年癸卯修關帝廟知縣齊棟渦修壯麗視前有加

二十四年甲辰夏大水○秋穀不實

二十五年乙巳春二月署知縣韓雲濤至○夏大水○建先農先嗇廟在東郭外旋圮○八月知縣姚錫華至

二十六年丙午春不雨○夏六月地震○八月雨雹○冬無雪

二十七年丁未春租稅復徵銀自嘉慶以來糧銀皆以錢折納每銀一兩折京錢四緡後以銀價漸昂加至七緡至是知縣姚乃復徵銀每兩加火耗三錢六分銀之不足五錢者仍以錢代視銀價低昂以上下其數民便之

二十八年戊申春正月大雪○夏五月雨雹初五日解戶土山一帶風雨驟作雨雹積

時有大如雞卵者麥收大減○六月大風雨傷禾殊甚

二十九年己酉春正月知縣潘貢疇至○冬無雪

三十年庚戌秋有年

咸豐元年辛亥　詔免逋租○冬無雪○修文廟闔邑捐貲修之

二年壬子春不雨○秋大水穀不實○冬十一月地震

三年癸丑春正月修文昌閣○三月壬子地震○甲子復地震○

諭士民團練時髮逆竊據金陵遠近驚動故各處舉辦團練以自衛○夏有麥○銀價踴貴銀一兩值錢七千餘時穀價極賤農民大困

四年甲寅夏五月地震○六月大水○冬　詔緩田租以被水災邑內緩三百餘村

五年乙卯冬無雪

六年丙辰春三月修城隍廟○夏大旱○秋大蝗○歲不實○冬十月蝝生汶河兩岸麥苗殘盡○十二月知縣江繼爽至○無雪

七年丁巳夏四月蝝生知縣江楫捕甚力卒不為災○六月大蝗蝗自東南來飛蔽天日所過食禾葉俱盡豆苗亦多被齧斷○秋七月知縣呂淡九至

八年戊午春大雨雹○銀價減每兩止值錢三千有奇○秋大旱自六月至八月不雨歲不實○冬無雪

九年己未春二月地震○三月修城隍廟○大旱自是月至七月不雨井多涸汲者晝夜喧爭○夏四月署知縣林溥至○秋饑是歲無麥無禾歲亦不實晚禾雖稍收然以過時藝者鮮少惟薯蕷特盛賴以濟飢○冬詔緩田租旱災也

十年庚申春二月大雪○閏三月知縣陳用衡至○夏五月諭士民團練城內外共十餘團

十一年辛酉春二月捻匪陷城時城垣久圮議修未果月之二十三日賊至官民奔避城遂不守賊踪偏及四境焚殺擄掠越六日乃去知縣陳用衡過害於當家溝把總石萬魁拒賊於三山死之景芝縣丞李煇卸印未去亦死焉紳民婦女殉難者各數千人惟宋官疃賈戈莊閻家莊以築堡獲免○三月修城時遺匪亂政謀焉集四鄉亦各起隖堡槩賊○夏四月署知縣嵇文芳至○秋七月城成○八月捻匪再至二十一日辰刻賊至南金印臺下踰城城上發炮擊之始退是夜賊焚南關西關次日黎明遂北去○冬十一月詔免田租以被寇故也

同治元年壬戌春大赦○正月築東關堡○二月旋濠○不雨○修敵臺○夏無麥○六月大蝗飛蔽天日汶河以北田禾幾盡○署知縣宋世俊

至○秋七月大蝗○蝝生蝗過處偏地生蝝撲者束手○勸捐輸○大疫

二年癸亥春正月知縣楊鴻烈至○秋有年○修縣治捻匪亂後官署為墟是歲年穀頗熟知縣楊乃修署焉○勸捐輸○永遠廣學額一名因修城團練紳民出資故也

三年甲子罷團練局

四年乙丑夏五月署知縣李舒翹至○秋九月修城

五年丙寅春三月建忠義節烈二祠○築南關西關堡○夏麥不實○秋不雨○冬無雪

六年丁卯秋七月捻匪復至時賊由平度南竄突過縣境幸官軍追急故不得逞是役大兵往來馳擊賊亦屢由縣境奔竄但城守甚嚴各鄉亦堅壁清野故被擾視辛酉歲為輕○冬十二月知縣左宜似至○捻匪平餘捻有任柱賴文洸等以次誅殛賊亦斬獲殆盡合境以寧

七年戊辰春二月浚濠○冬十一月忠義節烈祠成○無雪

八年己巳春不雨○二月署知縣饒增紱至○夏四月大雨雹撟山臨淮諸鄉麥禾俱盡○秋七月知縣楊傑光至○旱高粱歉收麥僅能下種○冬無雪

十二年癸酉春二月署知縣韓文和至

十三年甲戌春二月知縣楊傑光回任

光緒元年乙亥秋七月大風損禾稼十之四五○旱蕎不實麥苗半枯死○詔舉孝廉方正邑人王嘉麒與選廷試後授職直隸州州同

二年丙子春不雨○夏無麥○饑○旱自春至五月下旬乃雨始得播穀秋收尚中稔

四年戊寅春大風損麥苗○夏五月署知縣李澤春至

五年己卯夏五月大雨雹大如雞卵半日始止鴉雀打死無數西鄉石廟田家莊等處為害尤甚○

六月大水○秋八月知縣崔蓬春至

六年庚辰春修八蜡廟○夏五月雨雹○冬無雪

七年辛巳閏七月大水大雨如注日夜不止瀕河村落淹沒無算灘汶下流被害尤鉅溺死約數百人○

冬復常平倉令民各出穀有差附城者貯縣倉遠鄉則存各社衆社長以董之

八年壬午夏四月大雨雹西鄉泥溝等處特甚大如杯盂麥禾傷損幾盡○六月寒時六月中旬北風數日凜若晚秋

九年癸未夏有麥○秋大水○諭民助賑因河決不能塞也邑內共出五百金○冬溫時十二月河冰盡釋○無雪

十年甲申夏四月隕霜○五月雨雹○冬無雪○再諭民助賑

十一年乙酉夏六月大雨時久旱穀苗多槁是月中旬雨乃沾足頗以有秋○冬無雪

十二年丙戌春三月署知縣劉嘉樹至○秋九月知縣劉登雲至

十三年丁亥春二月署知縣汪瀛至○三月修學宮自殿廡各祠及明倫堂兩齋學舍皆新作之

十四年戊子春修關帝廟○夏五月修文昌閣並添建文昌三代祠○修常平倉○秋大疫

十五年己丑春新南門北門修門樓各三間

十六年庚寅春正月知縣劉登雲回任

十七年辛卯春二月署知縣郭春煦至○三月隕霜殺麥十六日大風夜隕霜麥多枯萎然旋即發生知前情鄉農多有鋤而去之者○秋八月知縣張士舒至

十八年壬辰春二月署知縣方桂芬至

十九年癸巳春二月知縣文郁至

二十年甲午冬十月署知縣謝瑞至○十一月修城次年二月竣工

二十一年乙未夏六月大水連日大風雨壞室廬無算近河居民被害尤甚○秋七月知縣俞崇禮至

二十四年戊戌春息借民財仿外洋募債法以昭信股票息借民財知縣俞勸導失宜頗滋紛擾

二十五年己亥春旱○夏六月虸蚄生食禾葉殆盡○署知縣沈文熙至

二十六年庚子夏四月署知縣吳兆鏻至○德人築膠濟鐵路由岞山入境至黃旗堡出境計長十餘里

二十七年辛丑夏四月知縣柳思誠至○秋租稅改徵錢每糧銀一兩折

京錢四十八百○革制義以經義策論取士

二十八年壬寅秋疫

二十九年癸卯夏五月大風雨雹十二日傍午異風突起冰雹大作縣南如汪南鄉管公劉家營下冢汙諸村大木皆拔廬舍摧毀幾盡

三十年甲辰春正月署知縣袁桐至○雷十二夜雷占文作○立學堂時科舉將停令州縣各設學堂知縣袁始集資修理歷二年乃訖工○初行銅圓每一圓當制錢十文

三十一年乙巳夏五月署知縣王揚芳至○秋九月雨雹○停科舉

三十二年丙午春正月署知縣許葉珍至○冬十月署知縣周尚鏞至○初設巡警

三十三年丁未秋八月署知縣陳衍昂至
三十四年戊申春正月署知縣馬思齊至○夏五月雨雹○冬十
一月署知縣張昌慶至○各省設諮議局用複選投票法選諮議員已人周樹標張介禮依具倖與選
宣統元年己酉春正月大風損麥○秋疫○冬十一月署知縣程
長慶至○詔舉孝廉方正已人劉鴻綱曹寶禮劉振驌與選廷試後各授職有差○初設
籌備自治公所
二年庚戌夏六月修城隍廟○初設城議事會董事會○冬十二
月除夕大雨是日午前微雪至晚大雨徹夜不息溝渠皆溢
三年辛亥春正月知縣左恩鴻至○夏五月署知縣楊錫珍至○

秋八月署知縣程長慶至○初設縣議事會董事會○大水濰汶皆溢廬舍田禾淤沒無算

(清)張貞纂修

【康熙】杞紀

鈔本

杞紀卷五

繫年

夏 帝太康元年癸未帝即位居斟尋畋于洛表

羿入居斟尋

帝仲康元年己丑帝即位居斟尋

七年乙未世子相出居商丘依邳侯一作依同姓諸侯斟灌斟尋

帝相二十七年甲午澆伐斟尋大戰于濰覆其舟滅之斟尋杞域一帶是也杜預曰斟尋在平壽縣東南斟尋在金城縣故北海于平壽皆古斟尋之地注見水經

辰時少康未立伯靡自鬲帥斟尋斟灌之師以伐浞
世子少康使汝艾伐過殺澆伯靡夏之遺臣自有鬲氏收二斟之
燼以伐浞殺澆豷後少
康復歸夏邑不失舊物
帝癸元年壬辰帝即位居斟尋以上出竹書紀年
周武王滅斟尋以封淳于公出水經未詳何年春秋左傳地名考
淳于州國所都城陽淳于縣也
桓王元年壬戌春二月莒人伐杞取牟婁按杞乘武王封
禹之後東樓公于河南雍丘為杞國武公初年
遷都淳于在今安丘境內春秋所載皆淳于杞
也年畢在城陽諸縣東北今諸城境內杞武
公三十二年以下皆應春秋經傳
十
十辛未秋七月杞侯來朝二年稱子今稱侯九月入杞

杞武公四十七年

十一年壬申六月公（魯桓公）會杞侯于郕（郕魯地杞武公四十二年）

十三年甲戌冬州公如曹（春秋爲州公左傳同淳于公杞武公四十四年）

十四年乙亥春正月寔來（左傳自曹來朝書曰寔來不復其國也杞武公四十五年）

二十年辛巳夏六月壬寅公（魯桓公）會杞侯莒子盟于曲池（曲池魯地在汶陽縣北有曲水亭杞靖公四年）

惠王八年壬子伯姬歸于杞（杞惠公四年）

十年甲寅春公（魯莊公）會杞伯姬于洮（洮魯地）冬杞伯

姬來歸寧也杞伯來朝前稱侯此稱伯杞惠公六年

二十二年丙寅杞伯姬來朝其子杞惠公十八年

襄王五年甲戌淮夷病杞杞成公八年

六年乙亥春諸侯城緣陵緣陵杞邑在今昌樂杜注杞辟淮夷遷都于緣陵杞成公九年

十五年甲申冬十有一月杞子卒杜用夷禮貶稱子杞成公十八年卒弟桓公姑容五

十九年戊子春杞子來朝乙巳公子遂帥師入杞晉公子也杼注乙巳九月六日杞桓公四年

二十年己丑秋杞伯姬來注歸寧曰來杞桓公五年

二十三年壬辰冬杞伯姬來求婦自為其子成昏杞桓公八年

項王四年丙午杞伯來朝今後稱伯杞桓公二十二年

定王元年乙卯杞同宋師圍曹出繹史年表

定王十六年庚午公魯宣公伐杞杞桓公四十六年

二十年甲戌杞伯來朝左傳歸叔姬故也杞桓公五十年

二十一年乙亥春王正月杞叔姬來歸杜注歸出也

十有二月己丑公魯成公會晉侯齊侯宋公衛侯

鄭伯曹伯邾子杞伯同盟于蟲牢蟲牢鄭地杞桓公五十一

年

簡王二年丁丑秋楚公子嬰齊帥師伐鄭公魯成公

會晉侯齊侯宋公衛侯曹伯莒子邾子杞伯救

鄭八月戊辰同盟于馬陵（馬陵衛地陽平元城縣東西杞桓公五十）

三年

三年戊寅冬十月癸卯杞叔姬卒（左傳歸自杞故書杞桓公王十）

四年

四年己卯春王正月杞伯來逆叔姬之喪以歸（公年）

（魯西歸之也）公（魯成公）會晉侯齊侯宋公衛侯鄭伯

曹伯莒子杞伯同盟于蒲（衛地在長垣縣西南杞桓公五十五年）

十三年戊子秋杞伯來朝（杞桓公六十四年）

十四年乙丑夏晉韓厥帥師伐鄭仲孫蔑會齊崔

杞曹人邾人杞人次于鄫鄫鄭地在陳留襄邑縣東南杞桓公六十五年

靈王五年甲午春王三月壬午杞伯姑容卒三興桓公

成盟故赴以名秋葬杞桓公杞桓公七十年卒子孝公匄五

八年丁酉冬公魯襄公會晉侯宋公衛侯曹伯莒子

邾子滕子薛伯杞伯小邾子齊世子光伐鄭十

有二月己亥同盟于戲戲鄭地杞孝公三年

九年戊戌春公魯襄公會晉侯宋公衛侯曹伯莒子、

邾子滕子薛伯杞伯小邾子齊世子光會吳于

相相楚地秋公會晉侯宋公衛侯曹伯莒子邾

子齊世子光滕子薛伯杞伯小邾子伐鄭杜注齊世子先至于師為盟主杞孝公四年

十年己亥夏公公魯襄會晉侯宋公衛侯曹伯齊世子光莒子邾子滕子薛伯杞伯小邾子伐鄭

秋公會晉侯宋公衛侯曹伯齊世子光莒子邾子滕子薛伯杞伯小邾子伐鄭會于蕭魚蕭魚鄭地

杞孝公五年

十三年壬寅春王正月季孫宿叔老會晉士匄齊人宋人衛人鄭公孫蠆曹人莒人邾人滕人薛人杞人小邾人會吳人于向向鄭地　夏四月叔

孫豹會晉荀偃齊人宋人衛北宮括鄭公孫蠆

曹人莒人邾人滕人薛人杞人小邾人伐於秦杞

公八年

十五年甲辰三月公魯襄公會晉侯宋公衛侯鄭伯

曹伯莒子邾子薛伯杞伯小邾子于溴梁戊寅

大夫盟溴水名出河內軹縣東南至溫入于河杞孝公十年

十七年丙午冬十月公魯襄公會晉侯宋公衛侯鄭

伯曹伯莒子邾子滕子薛伯杞伯小邾子同圍

齊齊故行不義諸侯同伐圍之杞孝公十二年

九年戊申夏六月庚申公魯襄公會晉侯齊侯宋

公衛侯鄭伯曹伯莒子邾子滕子薛伯杞伯小邾子盟于澶淵澶淵在頓丘縣南今名繁汙此衛地又近戚田左傳齊成故也杞孝公十四年

二十一年庚戌冬公魯襄會晉侯齊侯宋公衛侯鄭伯曹伯莒子邾子薛伯杞伯小邾子于沙隨沙隨宋地左傳復固欒氏也杞孝公十六年

二十二年辛亥三月乙巳杞伯匄卒　葬杞孝公孝公十七年卒弟文公益姑立

二十三年壬子公魯襄會晉侯宋公衛侯鄭伯曹伯莒子邾子滕子薛伯杞伯小邾子于夷儀夷儀

今那地衛城刑丙為衛邑左傳將以伐齊杞文公元年

二十七年丙辰杞文公朝晉　杞文公五年

景王元年丁巳夏仲孫羯會晉荀盈齊高止宋華定衛世叔儀鄭公孫段曹人莒人滕人薛人小邾人城杞　杞復遷于淳于胡傳晉平公杞出也故合諸侯之大夫以城杞

杞子來盟　河注穀稱子者微弱不能目城

晉人來治杞田　使書解可

侵杞田出左傳　杞文公六年

二年戊午冬晉人齊人宋人衛人鄭人曹人莒人邾人滕人薛人杞人小邾人會于澶淵宋災故

杞文公七年

九年乙丑春王正月杞伯益姑卒（杞文公十四年卒弟平公郁釐立）葬杞文公

十年丙寅晉人復治杞田（前不盡歸晉人很故復來治杞平公元年）

十三年己巳九月杞人如晉（葬不公也杞平公四年）

十四年庚午秋季孫意如會晉韓起齊國弱宋華亥衛北宮佗鄭罕虎曹人杞人于厥慭（杞平公五年）

十六年壬申秋公（魯昭公）會劉子晉侯齊侯宋公衛侯鄭伯曹伯莒子邾子滕子薛伯杞伯小邾子于平丘（平丘在陳留長垣縣西南）八月甲戌同盟于平丘（杞平公七年）

敬王二年癸未九月五日丁酉杞伯郁釐卒杞平公十

八年卒子悼公成立葬杞平公

四年乙酉秋公魯昭公會齊侯莒子邾子杞伯盟于

鄟陵杞悼公二年

十年辛卯冬仲孫何忌會晉韓不信齊高張宋仲

幾衛世叔申鄭國參曹人莒人薛人杞人小邾

人城成周杞悼公八年

十四年乙未三月公魯定公會劉子晉侯宋公蔡侯

衛侯陳子鄭伯許男曹伯莒子邾子頓子胡子

滕子薛伯杞伯小邾子齊國夏于召陵侵楚

杞伯成卒于會　杞悼公十二年五月卒子隱公乞立　葬杞悼公

十月隱公弟過弑公自立為僖公

三十三年甲寅冬十二月癸亥杞伯過卒　杞僖公十九年卒子閔公維立

三十四年乙卯春王二月葬杞僖公

三十九年庚申　杞閔公六年魯哀公十四年春秋絕筆杞入戰國

貞定王元年壬申杞閔公十六年　弟閼路弑公自立

為哀公

十一年壬午杞哀公十年卒閔公子敕立為出公

二十三年甲午杞出公十二年卒子簡公春立

二千四年乙未杞簡公元年楚惠王滅杞自是入戰國其地屬齊楚

者戰二百年至秦始皇二十六年王賁攻齊得齊王建始并天下

秦始皇二十六年庚辰分天下為三十六郡地

屬琅邪郡

漢高祖四年戊戌冬十一月韓信破楚將龍且

于濰水斬之地歸于漢杞城東南有韓信壩

文帝元年壬戌夏四月地震山崩大水潰出

七年戊辰冬十月戊戌土水合于危

後七年甲申秋九月有星孛于西方其末指虛危

景帝中元二年癸巳置淳于縣屬北海郡

祀此天正

宣帝本始四年辛亥五月鳳皇集淳于

元帝初元二年甲戌夏六月大饑人相食

建昭二年甲申冬地震大雨雪平地深五尺

孺子嬰居攝二年丁卯十二月莽篡位地入于

新 凡僭書入正者書
歸年者如屬

新莽天鳳元年甲戌秋七月改為誅郅見漢書

更始元年癸未秋九月漢兵誅莽地復歸漢屬北海國

後漢光武建武二年丙戌春正月朔日食于危

章帝建初元年徵淳于恭為議郎 凡有者皆淳于
八非賢者正書

安帝永初四年庚戌夏四月蝗

元初二年乙卯冬十一月己亥客星在虛危

靈帝建寧三年庚戌六月癸巳淳于長夏承卒于

官

光和六年癸亥冬大寒井中水厚尺許

獻帝建安十一年丙戌秋八月曹操東征海賊管

承至淳于遣樂進李典擊破之

十二年丁亥春二月曹操自淳于還

二十五年庚子冬十月魏王丕即帝位地屬于魏

魏黃初二年辛丑冬初置高密郡地屬之平度者

陳留王奐咸熙二年乙酉冬十二月壬戌帝遜位

地錄下晋

晉武帝泰始元年乙酉初置東莞郡

咸寧元年乙未九月甲子螟

三年丁酉省東莞郡以合琅邪　冬十月大水

太康八年丁卯夏四月隕霜殺麥

十年己巳復置東莞郡

惠帝十年庚申復置平昌郡

永寧元年辛酉自夏及秋不雨七月歲星守虛危

冬十一月熒惑太白鬬于虛危

二年壬戌處士徐苗卒

元帝建武元年丁丑秋七月大旱冬螽蝗

明帝太寧元年癸未秋八月石勒陷青州地入于
勒

穆帝永和七年辛亥春正月鮮卑段龕以青州之
地降晉自是以後為燕秦南燕所據者九十餘
年其間叛服不常惟以正統之胄紀之

恭帝元熙二年庚申夏六月甲子帝遜位地屬劉
宋

劉宋

明帝泰始四年戊申秋八月辛卯初置陳
青州以沉文秀為刺史地屬青州高密郡

五年己酉春正月魏拔青州地入後魏

一一八七 十

後魏 高祖太和六年壬戌秋七月大水虸蚄害稼

世祖正始四年丁亥夏四月步屈蟲害棗花

永平元年戊子秋九月壬辰地震

肅宗武定八年庚午齊王洋廢帝自立地屬北齊

北齊 顯宗天保七年丙子冬十一月省淳于入高密

幼主承光元年丁酉春正月周師入鄴緯出奔青州周師克之地屬後周

後周 武帝保定元年辛巳進封次伯父連爲杞

國公以章武孝公子永昌公亮為後
二年壬午以開府杞國公亮為梁州總管
天和六年辛卯春以大將軍杞國公亮為秦州總
管封為柱國
建德五年丙申以杞國公亮為右軍總管
六年丁酉以杞國公亮為司徒
宣帝大象二年庚子春三月杞國公宇文亮舉兵
擒殺段德舉謀反伏誅
三年辛丑春正月靜帝遣杞國公椿奉璽書禪位
于隋

隋

文帝開皇三年癸卯冬十一月初置密州統高密郡

十四年甲寅冬十一月癸未有彗星孛于虛危及奎婁齊魯之分

煬帝大業三年丁卯復改密州為高密郡

九年癸酉春三月張須陁擊賊王薄于濰水上破之

恭帝侑義寧二年戊寅夏五月隋亡明年地歸于

唐

唐太宗貞觀元年丁亥春置河南道統密州高密郡

三年己丑閏五月戊寅枉矢墜于虛危

高宗永徽三年壬子杞王上金削封邑徙置澧州

中宗神龍二年丙午夏五月旱饑

景龍元年丁未夏大疫　冬十一月丙寅太白熒惑合于虛危

玄宗開元三年乙卯夏蝗蟲食苗有鳥食之

十三年乙丑大有年斗米五錢菽三錢

二十七年己卯追封顏子父顏無繇為杞伯孔子弟子步叔乘為淳于伯

德宗興元元年甲子秋大蝗自山而東際于海晦天蔽野草木皆盡

貞元元年乙丑夏大旱蝗 蝗飛蔽天 旬日不止

十四年戊寅祀 彐傳覽

文宗開成五年庚申封穆宗子峻為杞王

昭宗乾寧三年丙辰十月客星三犯虛危一大二

小作合作離相隨東行狀如關經三日而二小

星沒大星後沒

哀帝天祐四年丁卯夏四月帝遜位地屬後梁

後梁均王三年癸未冬十月梁亡地屬後唐

後唐潞王清泰三年丙申秋九月己丑彗星出

虛危 冬十一月唐亡地屬後晉

後晉　齊王開運三年丙午晉亡明年地屬後漢

後漢　高祖乾祐元年戊申秋七月蝝生

隱帝四年辛亥春正月漢亡地屬後周

後周　恭帝元年庚申春正月周亡地歸于宋

宋　太祖建隆元年庚申詔封夏商之後居杞宋

乾德乙年癸亥封楊承信為杞國公

開寶四年辛未置京東東路密州

真宗大中祥符二年己酉秋七月大水

慶曆六年丙戌春三月戊寅地震　夏六月壬戌

彗星出營室過虛危

八年戊子夏六月參加政事明鎬卒
徽宗崇寧三年丙戌旱
欽宗靖康二年丁未夏四月金人以二帝北歸五
月撻懶徇地山東下密州地入于金
金　太宗天會二年已未置山東路密州安丘地屬
安丘
衛紹王大安二年庚午大饑斗粟千餘錢
定興二年戊寅秋八月庚寅李全破密州　十月
已未李全據安丘
哀宗天興三年甲午元兵滅金地屬于元

元世祖元統元年癸酉置山東東西道益都路

密州安丘地屬安丘

成宗七年甲辰夏五月蟲食麥

仁宗延祐六年己未秋八月饑

文宗至順三年壬申夏五月加封顏子父顏無繇

為杞國公母齊姜氏杞國夫人

順帝元統三年乙亥改封顏無繇為杞國侯

至正六年丙戌春二月地震

十九年己亥夏五月火蝗所落溝塹皆平人馬不能行

二十七年丁未冬十二月辛丑魏國公徐達兵取

益都路

二十八年戊申秋八月庚申明兵入北京元亡地

歸于明

明洪武二年己酉置山東青州府以安丘縣屬焉

永樂十四年丙申夏旱

洪熙元年乙巳夏四月旱蝗

宣德八年癸丑夏旱饑

正統二年丁巳夏旱

景泰七年丙子秋大水

天順元年丁丑春大饑

成化七年辛卯春饑
八年壬辰大有年斗米十钱
九年癸巳春三月大風晝晦
二十二年丙午冬大饑
弘治元年戊申改祀鄭康成于高密舊本屯丘致祭
五年壬子春旱大饑
八年乙卯夏五月大疫
正德八年癸酉黑眚見
嘉靖二年癸未秋九月黑氣見
七年戊子春大蝗饑 大疫

十一年壬辰夏大蝗

十二年癸巳夏大有秋　冬十月丙子夜星隕如雨

十三年甲午春大藝樹

十五年丙申夏蝗

十七年戊戌秋大水

十八年己亥春大饑

十九年庚子春大疫

二十一年壬寅冬十一月夜大雷雨

二十二年癸卯夏有来

二十五年丙午龍馬生逢王周杲家產一駒毛皆成鱗目出火光主人怪而斃之在杞城東五里

三十一年壬子夏五月大雨雹　秋七月大火

冬大寒無麥苗

三十七年戊午夏蚜蚄

三十八年己未夏大旱蝗　冬疫

四十二年癸亥春大疫

四十四年乙丑春大風害麥　夏大蝗

隆慶三年己巳夏五月蝗　秋七月大水平地深三尺衝没民舍殆半　冬桃李華

四年庚午春大饑

萬曆六年戊寅冬十一月大雨雪

九年辛巳夏雨雹　冬疫

十年壬午夏六月蝗蝻

十一年癸未夏六月蝗　冬十一月地震

十二年甲申春糴湧貴　有秋

十六年戊子夏六月庚申夜地震

十七年己丑夏五月麥秀五岐出周氏畝

十八年庚寅星晝見

二十年壬辰立冬後大麥秀桃李復華

二十一年癸巳夏四月大寒人有凍死者 秋大水無麥禾

二十二年甲午春大饑

二十三年乙未夏五月大疫

二十五年丁酉春正月大風晝晦

二十九年辛丑秋大水

三十三年乙巳夏五月大蝗 秋蝻生

三十五年丁未春饑 有秋

四十年壬子秋大水

四十一年癸丑秋七月大水 冬十月桃李復華

四十二年甲寅秋大水霪雨六十餘日

四十三年乙卯夏旱蝗　秋大饑、粟價湧貴署人而食

七

四十四年丙辰春大疫　夏有麥　秋穀秀岐穀不種而生不芸而熟斗粟十三四錢

四十五年丁巳秋大蝗　八月雨雹

四十六年戊午八月彗星見東南三月方滅

四十七年己未有秋

天啟元年辛酉十月地震

三年癸丑秋七月大蝗

崇禎七年甲戌春正月朔雷雨雪　秋大水

八年乙亥冬燠

十二年己卯冬十月雷大風害麥

十三年庚辰夏雨雹 秋大蝗 冬十月雷電交作大饑斗粟千錢餘人相食

十四年辛巳夏有麥

十五年壬午冬十月太白經天累月不滅 十二月大清兵至

十六年癸未春二月 清兵歸駐逢王等虾月餘始去

十七年甲申春三月大風晝晦 流寇李自成陷京師僞號大順改元永昌 夏五月

大清兵討李自成平之我

世祖章皇帝即位改元順治

順治四年丁亥秋七月大水

七年庚寅秋七月大水

九年壬辰夏五月大水

十年癸巳冬十二月大雨雪

十二年乙未春糴湧貴斗粟千钱

十三年丙申有秋 冬十月大雷雨

十五年戊戌大旱自立夏至中秋

十六年己亥秋大水

十七年庚子夏旱　冬星晝見

十八年辛丑秋八月天鼓鳴

自太康元年癸未至康熙元年壬寅凡三千八百五十年

【乾隆】諸城縣志

（清）宮懋讓修　（清）李文藻等纂

清乾隆二十九年（1764）刻本

總紀上第一　　　　諸城縣志二

志之爲總紀蓋始於安邱而縣事則更紛矣又舊載缺畧傳聞異辭叢淡散而整齊之烏在其稱完善哉予次史乘之可考及傳說之確可信者事無大小皆有繫於民人無賢愚皆限之以其位姑欲存故實而已非有褒貶予奪之法也作總紀

丙辰　周惠王十二年冬十有二月魯城諸

丙午　頃王四年冬十有二月魯季孫行父帥師城諸

乙丑　敬王四十四年齊大夫田常割齊安平以東至琅邪自爲封邑

癸丑 顯王元年趙成侯侵齊至長城

庚午 十八年齊築房以爲長城

庚辰 秦始皇帝二十六年滅齊置琅邪郡

壬午 二十八年始皇帝登琅邪臺留三月徙黔首三萬戶臺下復十二歲更作琅邪臺刻石頌秦德 祠四時於琅邪

癸未 二十九年始皇帝由之罘旋復過琅邪

壬辰 二世元年東行郡縣刻詔書並大臣從者名於始皇所立石

戊戌 漢太祖高皇帝四年冬十有一月韓信敗楚將龍且

於濰水斬之追至城陽虜齊王廣縣歸於漢

庚子 六年春正月戊寅封郭蒙爲東武侯

壬寅 八年夏六月戊申封旅卿爲昌侯

庚申 高后七年春正月以營陵侯澤爲琅邪王

辛酉 八年琅邪王澤發其國兵隨齊王誅諸呂

壬戌 太宗孝文皇帝元年冬十有二月徙琅邪王澤爲燕王

癸亥 二年進封朱虛侯章爲城陽景王都莒食四縣

乙丑 四年進齊悼惠王肥子卬爲平昌侯

乙丑 孝武皇帝元鼎元年夏四月戊寅以城陽頃王子差

爲昌侯

乙亥　元封五年冬巡狩至琅邪　夏四月詔所幸縣毋出今年租賦賜鰥寡孤獨帛貧窮者粟　初置刺史部十三州琅邪郡屬徐州

丁亥　太始三年春正月行幸琅邪

戊子　四年夏四月祠神人於交門宫

辛亥　孝宣皇帝本始四年夏四月壬寅琅邪地震壞祖宗廟詔勿收租賦

乙卯　地節四年封舅王無故爲平昌侯

庚午　甘露三年黄門郎梁邱臨奉使問諸儒於石渠閣

祠四時於琅邪不知年

甲戌 元帝初元二年夏六月大饑人相食　詔免城門校尉諸葛豐爲庶人

辛酉 平帝元始元年封關內侯師丹爲義陽侯　義陽侯師丹薨陽謚曰節

丁卯 孺子嬰居攝二年冬十有二月王莽篡位縣入於新

甲戌 新莽天鳳元年秋七月改琅邪郡爲塡夷東武縣爲祥善諸縣爲諸井平昌縣爲養信橫縣爲令邱

癸未 淮陽王更始元年秋九月漢兵誅莽郡縣復舊名

甲申 二年盜張步起琅邪

丙戌 東漢光武帝建武二年使伏隆持節安輯青徐二州招張步降之步遣使隨隆詣闕獻鰒魚 冬張步殺光祿大夫伏隆

丁亥 三年春三月壬寅以伏湛爲大司徒封陽都侯 冬大司徒伏湛免

己丑 五年詔伏隆中弟咸收隆喪賜棺斂告瑯琊作冢以子援爲郎中

庚寅 六年徙封伏湛爲不其侯遣就國

壬辰 八年安邱侯張步叛歸瑯琊瑯琊太守陳俊擊斬之

丁酉 十三年夏不其侯伏湛卒賜秘器帝親弔祠遣使送

喪修冢

己亥 十五年夏四月丁巳封皇子京爲琅邪公

庚子 十六年琅邪盜賊復起謁者張宗討平之

辛丑 十七年進封京爲琅邪王 安邱大姓夏長思反琅邪太守李章引兵斬之

辛酉 明帝永平四年以太僕伏恭爲司空

己巳 十二年司空伏恭致仕詔賜千石奉終其身

壬申 十五年行幸琅邪引遇伏恭如三公儀

丁丑 章帝建初二年冬行饗禮以伏恭爲三老

甲申 元和元年致仕司空伏恭卒賜葬顯節陵

庚戌 安帝永初四年夏四月蝗

甲子 延光三年冬十有二月乙未黄龍見諸縣

丙子 順帝永和元年詔侍中屯騎校尉伏無忌等校定中書

甲午 桓帝永興二年冬十有二月琅邪盜賊羣起

癸亥 靈帝光和六年冬大寒井中氷厚尺餘 大有年

戊辰 中平五年大水

乙亥 獻帝興平二年立貴人伏氏爲皇后以后父不其侯完爲執金吾

甲午 建安十九年伏后與父完謀誅曹操事泄被弑伏氏

死者百餘人

庚子　二十五年冬十月魏王丕稱皇帝縣屬於魏

乙酉　魏元帝奐咸熙二年冬十有二月壬戌奐遜位縣歸於晉

戊子　晉武帝泰始四年秋九月大水

己丑　五年春二月水

乙未　咸寧元年秋九月甲子螟

丁酉　三年秋九月戊子大水傷稼詔振䘏

己酉　太康十年冬十有一月甲辰以琅邪王覲弟澹爲東武公　以城陽郡之諸東武屬東莞郡省琅邪縣

壬戌 惠帝太安元年秋七月大水

癸未 明帝太寧元年秋八月石勒陷青州縣入於勒

辛亥 穆帝永和七年春正月鮮卑段龕以青州降晉

丙辰 十二年春正月燕慕容恪大敗段龕兵進圍廣固冬十月龕降縣入於燕

庚午 帝弈太和五年冬十有一月秦王堅入鄴執燕主暐縣入於秦

甲申 武帝太元九年冬十月謝元遣兵攻秦青州降之縣復歸晉

己亥 安帝隆安三年秋八月慕容德陷廣固遂都之縣入

於南燕

庚戌 義熙六年春二月劉裕拔廣固執南燕主超斬之縣復歸晉

庚申 恭帝元熙二年夏六月甲子宋王劉裕稱皇帝縣屬於宋

己酉 宋明帝泰始五年春正月後魏拔青州縣屬於後魏

甲子 後魏孝文帝太和八年詔以麻布充稅

己卯 二十三年夏六月大水

庚辰 宣武帝景明元年夏五月虸蚄害稼 秋七月大水

己酉 莊帝永安二年置膠州於東武縣築北城為州治領郡三

癸丑　出帝永熙二年旱　夏四月青州人耿翔襲據膠州殺刺史裴粲

東魏孝靜帝興和年置臨海郡於梁鄉縣旋廢

庚午　武定八年齊王洋廢帝自立縣屬北齊

丁酉　北齊幼主恒承光元年春正月周師入鄴恒出奔縣屬後周

辛丑　後周靜帝大定元年春正月周亡縣屬於隋

乙巳　隋文帝開皇五年改膠州為密州後高密郡

乙卯　十五年置豐泉縣於琅邪舊縣

戊午　十八年改東武縣為諸城自是已後諸城皆倚郭

丁卯　煬帝大業三年改密州爲高密郡　復瑯邪縣

戊寅　恭帝侑義寧二年夏五月隋亡明年縣歸於唐

壬午　唐高祖武德五年改高密郡爲密州

丁亥　太宗貞觀元年置河南道　封顔師古爲瑯邪縣男

己巳　明皇帝開元十七年詔贈孔子弟子公冶長爲莒伯顔之僕爲東武伯

壬午　天寶元年改密州爲高密郡

丙申　肅宗至德元載置青密節度使（領北海高密東牟東萊四郡）

戊戌　乾元元年改高密郡爲密州

己酉　代宗大歷四年置密州都防禦使

辛酉 德宗建中二年冬十有二月馬萬通以密州降李納爲官

乙酉 正元二十一年封皇曾孫褒爲高密郡王

壬戌 三年置密州都團練觀察使

甲子 興元元年置青淄平盧節度使（領青淄沂密等十三州）

己亥 憲宗元和十四年置沂海觀察使（領沂海兗密四州）

辛丑 穆宗長慶元年升沂海兗密觀察使爲節度使

丁巳 昭宗乾寧四年賜沂海節度使爲泰寧節度使

癸亥 天復三年楊行密陷密州刺史劉康乂死之

丁卯 昭宣帝天祐四年夏四月帝遜位縣屬後梁

癸未 後梁主瑱龍德三年冬十月梁亡縣屬後唐 復密

州故名

丙申 後唐廢帝清泰三年冬十有一月唐亡縣屬後晉

丙午 後晉主重貴開運三年晉亡明年縣屬後漢

丁未 後漢高祖稱晉天福十二年春二月盜陷密州　夏四月甲子以觀察判官蘇禹珪爲中書侍郎同中書門下平章事　以密州爲防禦州不知年

隱帝乾祐年淮人攻密州以郭瓊爲行營都部署未至淮人解去

辛亥 四年春正月漢亡縣屬後周　蘇禹珪罷　以密州爲軍事

丙辰 後周世宗顯德三年殺南唐使者司空孫晟南唐元宗聞之贈太傅追封魯國公謚文忠以子魯嗣爲祠部郎中

丁巳 四年殺密州防禦使侯希進

庚申 恭帝元年春正月周亡縣歸於宋

癸亥 宋太祖建隆四年蘇德祥登進士第一

壬申 開寶五年春二月升密州爲安化軍節度　秋八月罷密州仍爲防禦

癸酉 六年復以密州爲安化軍節度　詔郡國舉廉退孝悌之士（郡以齊得一應詔策試中選）

壬午 太宗太平興國七年夏四月水害稼

己丑 端拱二年冬十月密州獻芝草

甲午 淳化五年春正月密州獻芝草四本

丙申 至道二年秋閏七月密州獻芝草二本

己酉 真宗大中祥符二年追封孔子弟子公冶長爲高密侯冉季爲諸城侯

辛亥 四年秋七月蝗

丙辰 九年夏六月蝗

丁巳 天禧元年春二月蝗蝻復生

己未 三年水 知密州王博文請弛鹽禁候歲豐乃復從

之不知年

戊辰 仁宗天聖六年夏五月蝗

壬辰 皇祐四年自正月至四月不雨 秋八月知密州吳奎修常山神祠 知密州蔡齊請弛鹽禁因歲旱除公田租數千石不知年

甲寅 神宗熙寧七年冬十有一月三日知密州軍州事蘇軾至 自秋至冬不雨

乙卯 八年春夏旱 新常山神祠 建雩泉亭 葺北臺始名超然

丙辰 九年夏六月作山堂 秋七月詔封常山神爲潤民

侯　立獲盜賞格　建蓋公堂

甲子　元豐七年詔築高麗館

戊辰　哲宗元祐三年改安化軍爲臨海軍移治膠西旋廢復爲密州

乙酉　徽宗崇寧四年春二月以趙挺之爲尚書右僕射

丁亥　大觀元年建密州儒學　三月趙挺之罷

庚寅　四年冬十有二月封常山神爲靈濟昭應十年月從御記

乙未　政和五年知密州李文仲貢芝草三十萬本

乙巳　宣和七年封常山神妻爲靈順夫人　知密州翟汝文請免歲貢牛黃詔許之

丁未　高宗建炎元年夏五月庚寅金撻懶狥地山東下密

州

戊申 二年秋九月癸卯權知密州杜彥獻芝之草芝之草五葉如人肝掌色赤而澤宰臣黃潛善奏色符火德形像股肱之瑞帝不欲視却之

己酉 三年秋閏八月知濟南府宮儀及金人數戰於密州不克守將李逵以密州降金縣入於金

金廢帝貞元元年重建密州儒學副樞張暐

戊寅 正隆三年春二月修密州儒學節副張天字

丙申 世宗大定十六年夏六月蝗

丁酉 十七年春三月辛丑免去年被旱蝗租稅

戊戌 十八年春正月庚申免前年被災租稅

己亥 十九年秋七月癸酉密州民許通等謀反伏誅

己酉 二十九年冬十有二月密州進白鶉白雉各

己未 章宗承安四年置造新茶坊於密州

癸酉 宣宗貞祐元年蒙古木華黎屠密州安化軍節度使移剌古與涅力戰死之

乙亥 三年詔贈移剌古與涅安遠大將軍知益都府事

丁丑 興定元年夏四月癸丑以安化軍節度使完顏寓權元帥左都監行元帥府事　冬十有二月辛酉蒙古木華黎破密州節度使完顏寓死之

戊寅 二年夏四月紅襖賊方郭三據密州時茂先被執不

屈死詔贈武節將軍同知沂州防禦使事　戊辰河北
行省侯摯敗紅襖賊進至密州降僞將校數十人士卒
七百人悉復其業　秋八月庚寅李全破密州執招撫
副使黄摑阿魯達同知節度使夾谷寺家奴

己卯　三年秋九月李全以山東諸州附宋縣復歸於宋

甲午　哀帝天興三年蒙古兵滅金縣屬於蒙古

蒙古世祖中統年發粟振饑免田租差徭三年

丙寅　至元三年秋七月壬寅詔密民及竈戶居內地　八
月修密州儒學

乙亥　十二年宋帝㬎德祐元年冬十有一月張榮貴等兵過撫州

宋江西都統密佑逆戰被執不屈死

丁丑　十四年秋七月常山顯濟昭應王加封廣惠

丙戌　二十三年秋八月修密州儒學始塑聖像及顏孟十哲像於正殿繪七十二賢像於兩廡知州張崇道

己丑　二十六年夏四月修密州儒學

壬辰　二十九年冬十有一月修密州儒學　修縣治

癸巳　三十年秋旱

甲午　三十一年縣尹商世榮修烽火山神祠

乙未　成宗元貞元年雹

戊戌　大德二年修雙門神祠

癸卯　七年秋七月始塑文廟七十二賢像 知州[illegible]元英

戊申　武宗至大元年詔旌節婦崔立妻紀氏門

壬戌　英宗至治二年修超然臺蘇公祠 同知庾伯麟修　修信陽場鹽課司 管勾鄧肅修建

己巳　文宗天歷二年春水夏旱蝗饑民采草木實食之

庚午　至順元年春三月丙子振饑

丁丑　順帝至元三年春三月禁漢人不得持兵器　詔旌節婦王瑀妻鄭氏門

戊寅　四年修縣治及各官衙署　修超然臺 時密州達魯花赤貞問

戊子　至正八年饑多盜　知州黃濟奏弛漢人不得持兵

器禁請減價糶常平倉穀

庚寅十年夏四月修密州儒學　遣官賜黃濟金帛　靳

水賊犯信州總管于大本被執不屈死

丁未二十七年冬十有一月辛丑明將軍徐達師克益都

遣裨將招撫密州十有二月辛亥密州守臣同僉邵禮

率吏民詣徐達降縣歸於明

戊申明太祖洪武元年夏四月置山東行中書省　秋七

月徵天下賢才為守令　此後數徵人材縣人多應詔授官者　詔免稅糧

己酉二年春正月庚戌詔免稅糧　夏六月戊戌省密州

以諸城縣隸青州府　以州治為縣治　冬十月辛卯

詔立學校縣設教諭一員訓導二員生員二十人師生月廩食米人六斗　以密州儒學爲縣儒學　知縣金汝穆增修縣治　增修學官

建先賢祠左祀賢牧右祀鄉賢後更名爲名宦鄉賢祠　置射圃在儒學東有觀德堂

置館驛在城隍廟左後改爲知府行館　置稅課局城內西南隅

庚戌三年春三月庚寅朔詔免稅糧　秋七月蝗　自五月至是月不雨　置普濟堂　置養濟院在南城西南隅　置社稷壇風雲雷雨山川城隍壇　建城隍廟

辛亥四年春三月己亥大風吹濰水沙頭刻成嶺因名曰白玉山　冬十有二月己巳置諸城守禦千戶所　大修城合南北城爲　建

旗纛廟在千戶所署內

壬子十五年夏六月庚子蝗　初行鄉飲酒禮

癸丑十六年夏六月辛亥倭夷入寇即墨諸城萊陽等縣沿海居民多被殺掠詔近海諸衛分兵討捕之見實錄　蝗

甲寅十七年建存留倉在縣治西南　建龍王廟城東北三里時知縣高復亨

乙卯十八年春正月丁亥詔立社學　置邑厲壇　置鄉厲壇旋廢　立旌善亭百九十六所在縣治左者一在廂鄉者百九十五

丙辰十九年春三月丙子以刑部侍郎臧哲爲四川行省參政　夏六月甲午詔改行中書省爲承宣布政使司安邱志作七年誤　秋七月大水　九月辛未陞四川布政使司左參政臧哲爲廣西布政使　置東關藥溝桃林三驛

縣丞施文廸造　建布政司行署在西市街北　建察院行署在北城大街東

戊午　十一年冬十有二月勅賜前廣西布政使臧哲米鈔時哲以母憂家居

庚申　十三年春二月壬戌朔詔舉賢良方正之士張伯裕應詔

夏四月己亥詔免今年田租　秋八月增學校師生廩膳米人日一升魚肉鹽醯之數皆官給支

辛酉　十四年春正月詔行賦役黃冊法其法以百一十戶為里一里之中推丁糧多者十人為之長餘百戶為十甲甲凡十人歲役里長一人甲首十人管攝一里之事城中曰坊近城曰廂鄉都曰里凡十年一周先後則各以丁糧多寡為次每里編為一冊冊之首總為一圖其里中鰥寡孤獨不

任役者則帶管於百一十戶之外而列於圖後名曰畸零冊爲四本一以進戶部其三則布政司府縣各留其一焉

壬戌十五年夏四月辛巳置僧道二司縣曰僧會司僧會一人道會司道會一人俱未入流

丙戌賜學糧增師生廩膳月米一石

壬辰詔免稅糧

秋八月辛巳命禮部頒學校禁例十二條

知縣陳允恭至

立申明亭百九十六所在縣治右者一在廂鄉者百九十五

頒釋奠儀

癸亥十六年春二月丙申詔天下學校歲貢生員前志在十八年

冬十月癸巳詔復設社學先是命天下有司設社學以教民間子弟而有司以是擾民遂令停罷至是復詔民間自立社學延師儒教子弟有司不得干預

甲子 十七年秋九月庚申詔弛鹽禁

乙丑 十八年冬十有一月詔免今年田租　置汪輔河遞運所大使遂茂典造　立陰陽學在縣治東南訓術張子忠立　立醫學在縣治南舊爲惠民藥局訓科張惟慶立

丙寅 十九年夏六月旱遣廷臣振饑　詔旌節婦楊添祿妻張氏門

丁卯 二十年詔增廣生員不拘額數復其家　耆老董興等詣闕奏留知縣陳允恭

戊辰 二十一年春正月戊寅召前諸城知縣陳允恭於雲南復其官前志作十八年今從實錄　甲午遣使振饑先是壽州所隸旱蝗詔免

貧民夏稅又令本年秋糧許以棉布代輸而民尚艱食有司不以聞使者有自青州還者奏之乃亟遣人馳驛往振　秋八月壬子罷耆宿初令郡縣選民間年高有德行者里置一人謂之耆宿至是戶部郎中劉九皐言耆宿蠹蝕鄉里民反被其害遂命罷之　九月甲戌詔更定歲貢生員例縣學三歲一人　增預備倉八所

庚午　二十三年夏六月戊子雨自閏四月至是始雨　冬十有一月久雨傷麥詔免田租　十有二月水遣官振卹

辛未　二十四年春正月癸巳徵孝子徐成見至京師賜鈔

丁巳詔免今年秋糧　括戶口田賦

壬申　二十五年春正月癸巳命縣學每歲貢一人　二月饑詔免徵今年魚課　甲子詔生員兼修射與書數之

法　夏六月禮部頒學規　始定風雲雷雨山川壇

修信陽場鹽課司大使賈惟中修

癸酉二十六年春正月戊辰以大成樂器頒給府學　冬

十有一月水　修超然臺蘇公祠千戶所修

甲戌二十七年春正月壬寅詔免田租　知縣任佑至

乙亥二十八年春二月遷民東昌　秋九月丁酉詔免稅

糧

丙子二十九年冬立無祀鬼神壇

丁丑三十年秋七月丁亥置糧長每區設正副糧長三名以區內丁糧多者爲之編定次序使輪流應役周而復始　九月辛亥置木鐸每里選年老或瞽者每月六次

持鐸狥於道路

戊寅三十一年夏四月戊子擢天策衛經歷周璿爲左僉都御史　以江西參政孫浩爲廣東布政使不知年

壬午恭閔帝建文四年夏六月燕王陷京師左僉都御史周璿死之

洪武三十五年即建文四年冬十月蝗詔振䘏

癸未成祖永樂元年饑　春三月甲午遣官振濟　夏五月蝗

丙戌四年春三月立規學之碑

戊子六年春三月乙卯詔免逋負稅糧　夏五月蝗布政

使遣官捕之

己丑 七年夏六月庚午詔徙民之無業者占籍冀州 因安邱民邢義等請

辛卯 九年夏六月甲辰遷民東昌兗州諸府 從給事中王鋅之請

壬辰 十年春正月徙民之無田者占籍定陶諸縣 從濟寧州同知潘正叔之請

癸巳 十一年春二月饑癸丑發附近官廩振䘏 夏五月蝗己卯命有司捕瘞

甲午 十二年春三月壬寅戶部言諸城民饑 夏五月甲戊戶部言諸城民多流亡 高密安邱諸城三縣民流移者三千一百九十一戶

乙未十三年秋八月庚辰發粟振饑　建文昌祠主簿張凱建在儒學東南前志云失其址

丙申十四年春正月己酉詔免永樂十二年逋租

己亥十七年春二月丁亥命虧租稅者折輸鈔從戶部之請

庚子十八年春三月甲申鰲山衛指揮僉事王真以兵百五十人擊敗妖婦唐賽兒餘黨於諸城盡戮之先是賊首賓鴻等合萬餘人攻安邱時指揮衛青備倭海上率千騎擊敗之城中人亦鼓譟出擊賓鴻等遁去殺賊二千餘人生擒四千餘人皆斬之其餘黨爲王真所敗各械首惡送京師賊悉平　秋九月乙未進龍馬寶錄云諸城縣民嘗有牝馬牧於海濱者一日雲霧晦冥有物蜿蜒與馬接至是產駒鱗臆肉鬣體具龍文其色青蒼蓋龍馬云前志作宣德三年不知何據其所產之地則信陽鄉草橋社清水潭也　冬

十有一月振饑民

壬寅　二十年秋七月霪雨傷稼

癸卯　二十一年秋八月丁丑皇太子令蠲糧芻　改存留倉爲豐盈倉（後改名爲預備倉）　建啟聖祠（主簿張凱建）

乙巳　仁宗洪熙元年夏四月壬寅詔免今年夏稅及秋糧之半

丙午　宣宗宣德元年秋七月乙未詔免夏稅

丁未　二年詔增廣生員二十八

癸丑　八年春旱遣使振卹　夏復振免稅糧

甲寅　九年秋七月蝗

丁巳 英宗正統二年增廣膳生員蔡夫二人

己未 四年秋七月庚戌免稅糧

庚申 五年冬十有二月壬午免稅糧

辛酉 六年冬十有一月癸丑免稅糧

壬戌 七年夏四月免稅糧

甲子 九年大水

丙寅 十一年春大饑 三月二十一日詔旌謝景成爲義民復雜役三年

戊辰 十三年春三月二十一日詔旌魏宗武爲義民復雜役四年 夏五月蝗

己巳　十四年秋九月癸未景帝詔免景泰二年田租之三

修縣治　縣丞王永董事

庚午　景帝景泰元年夏四月庚子振饑　六月戊戌免稅糧

壬申　三年秋七月九日　詔旌范宗華爲義民復雜役三年

八月己酉振流民

癸酉　四年春三月二十六日　詔旌陸通爲義民復雜役三年

冬十有一月甲戌安輯逃民復賦役五年　十有二月乙未免稅糧

甲戌　五年春正月甲戌遣官撫輯被災軍民　詔賜謝聰

冠帶

乙亥 六年修超然臺蘇公祠建慕賢亭於祠前 時知縣黃武

丙子 七年冬十有二月戊午振水災 免被災稅糧

丁丑 英宗天順元年春三月丁亥振饑 作文廟聖賢龕

辛巳 五年春二月己卯免被災稅糧

甲申 八年春正月乙亥詔免明年田賦之一

庚寅 憲宗成化六年春三月甲申免被災稅糧 夏五月

丙申振饑

辛卯 七年秋八月甲辰振水災 知縣閻鼐至 建滄浪

書院後改為養濟院 建迎春接官二亭旬宣牧愛宣化明教

儒林皇華齋綱宣威鎮海迎恩十坊

乙未十一年知縣章倬至　修烽火山神祠

丁酉十三年免被災稅糧

戊戌十四年夏四月丁酉免被災稅糧

己亥十五年春正月辛巳振饑免秋糧

庚子十六年免被災稅糧

辛丑十七年置漏澤園二所一在城南宏濟橋一在城北三里亭側

壬寅十八年夏五月免被災稅糧　秋八月癸丑遣使振饑

乙巳二十一年冬十月免被災稅糧

丁未 二十三年春三月癸亥免被災稅糧

戊申 孝宗弘治元年建層樓雙門上毁神祠

己酉 二年知縣馮傑至

癸丑 六年夏六月修公治子祠墓

戊午 十一年知縣鄧萬斛至

癸亥 十六年秋九月丁丑振被災軍民

甲子 十七年閏月庚午免被災稅糧

乙丑 十八年夏五月武宗詔除弘治十六年已前逋賦

六月大雨雹縣南古城雹積如陵數日始消

辛未 武宗正德六年春元旦大霧著樹凝結如花三日始消 正月流

賊齊彥名等圍攻縣城知縣王緒千戶張武等力禦之十餘日賊解去前志云預引扶淇水注於池賊不能肆又云齊彥名等攻陷安邱遂悉衆數千來攻圍十餘日一日見賊擁冢於東北城門上架大礮貯鉛子斗許擊之一賊正卧病屋內鉛子由屋上入中其腹以死賊衆皆驚懼謂有神助遂夜遁城得全 三月詔免稅糧是年賊破山東九十餘城道路梗絕 獲倭船前志云正德初年春月有風颿一倭船至信陽近島處初泊洋內十餘日後登岸有二十餘倭四散與鄉婦奪食形羸如鬼皆爲耕夫所縛詣縣轉解分巡道

壬申 七年冬十有二月免被寇者稅糧

癸酉 八年秋大雨濰水逆流壅扶淇水入城門壞廬舍無算 修城時知縣申良

甲戌 九年縣東北多饑人捕食之 冬十有二月加賦

乙亥　十年修公冶子祠

戊寅　十三年秋大水無禾　振水災　改建射圃於儒學西

辛巳　十六年夏四月世宗詔賜明年田租之半自正德十五年已前逋賦盡免之　毀雙門層樓

壬午　世宗嘉靖元年　春毀超然臺鎮武廟以其地專祀蘇軾

癸未　二年詔免元年稅糧之半　春二月大風晝晦樹木相搏擊出火農人迷路野宿達旦及霽已辰後矣是日至夕日色淡黃無光

甲申　三年建兵備道行署即預備倉故址　建八蜡廟

乙酉 四年夏四月有風如火日平明忽風如火熾行路人中之悉病傷寒多至死者農夫不知避忌死者尤衆 修龍王廟

丙戌 五年冬十月庚午頒御製敬一箴於學宮

丁亥 六年冬大寒民多凍死者

戊子 七年蝗飛蔽天日宿集如冢生息至十六年方止

庚寅 九年易文廟壞像以木主

癸巳 十二年冬十月初七夜星隕如雨達旦尚未已 增修學宮

戊戌 十七年夏六月秋七月大雨無禾 冬大饑民多餓死

修城

己亥十八年春大水　饑五穀騰貴每斗價銀至一錢五分之上民皆采取草實盜賊四起賴副使周公桯多方振濟而安

辛丑二十年秋七月免被災稅糧

壬寅二十一年修儒學時知縣張文卿

甲辰二十三年夏五月大雨雹積厚尺餘　裁里甲馬三十七匹

乙巳二十四年知縣張桂改兵備道行署爲察院行署改察院行署爲按察司行署

丙午二十五年秋八月壬子免被災稅糧　增修布政司行署　修儒學

丁未二十六年修常山雩泉

戊申二十七年秋八月初五日午府地震　知縣祝天保至

建東武書院（郎兵備道後宅）

己酉二十八年修城　修雩泉亭

庚戌二十九年秋大熟穀產於柴溝郵者多一莖二穗產於徐家莊者間有一莖三穗

壬子三十一年秋七月十二日知縣楊繼盛至　大雨壞城

作縣志

漂仍不壞廬舍民多壓死者

癸丑三十二年春三月甲申振饑　冬修城重建東武西寧二門樓時

知縣梁進

甲寅三十三年夏四月初三日大雨雹城陽社擊傷牧見五月初七日復雨雹大者如拳齊古朱孙等社鄉積厚尺餘知縣季永康至

乙卯三十四年秋免被災秋糧

丙辰三十五年復學地沒於軍所者 修龍王廟

乙丑四十四年知縣馬蔚秦毀東武書院

丙寅四十五年白鵲生於縣治內樹上 冬十有二月穆宗詔免明年田賦之半及嘉靖四十三年已前逋賦

丁卯穆宗隆慶元年秋七月辛巳招撫被災流民復五年

白鵲巢於學宮 王侍舉鄉試第一

戊辰二年春正月十五日大雨雹雷電起自西北冰雹大作 旱多西南風

夏五月六月雨不絶　秋七月大水沒禾漂廬舍

己巳　三年秋七月十二日　大雨三日沒禾　八月丁卯振水

災　冬免稅糧

庚午　四年知縣王三錫至

壬申　六年知縣趙楫至　大饑民多流竄　勸民墾荒田

甲戌　神宗萬歷二年修城　修社稷壇邑厲壇　冬十有

一月大雨雪平地深三尺人畜多凍死竹樹多枯

乙亥　三年春三月重建城隍廟

戊寅　六年春二月戊戌免逋賦

己卯　七年知縣李觀光至　修儒學　夏四月大霜二麥

俱壞氣臭　修社稷壇　秋七月大水田廬盡沒　修
風雲雷雨山川城隍壇　修八蜡廟　修邑厲壇　立
社倉十二所　修超然臺蘇公祠　改知府行館爲十
隅社倉
庚辰八年冬十有一月丙子詔括田　修城
辛巳九年勘戶口
壬午十年春二月丁酉免積年逋賦　修學宮
癸未十一年夏六月大蝗
甲申十二年春二月初七日地震　冬十月丙寅免被災稅
糧　詔旌烈婦劉梓妻邱氏門　以刑部左侍郎邱橓

爲南京吏部尚書

乙酉 十三年夏四月戊午蠲被災田租一年 冬十有一月初八日 南京吏部尚書邱橓卒賜祭葬

丙戌 十四年春三月十五日 詔贈南京吏部尚書邱橓太子少保謚簡肅 重建啟聖祠太公祠名宦祠鄉賢祠 時署知縣府推官王道增

丁亥 十五年知縣張大謨至 置學田三百二十二畝 夏六月令貧民墾荒地立官莊四十有五 秋八月隕霜殺禾及蔬

戊子 十六年秋七月乙卯免被災夏稅

己丑　十七年秋九月二十九日大霧晝日不散至酉時大雨傾注次日方止

庚寅　十八年八月十五日雨雹縣東北境周圍百里　修公冶于祠

知縣甯嘉猷至　置講約所百二處每所鄉約一人

辛卯　十九年修超然臺蘇公祠

壬辰　二十年秋八月大霜殺禾　九月虹見見正北偏東　冬十月二十五日虹復見見正北偏西　麥秀桃李復華既而大寒地裂寸餘深二尺　詔旌烈婦韓九牧妻于氏門

癸巳　二十一年春大旱自夏六月至秋八月霪雨無禾　詔振饑　知縣楊天民至

甲午　二十二年大饑盜起是年二月海水退十里居民入海拾取海菜謂之海赦

發粟振饑　修儒學　修雩泉亭　詔旌烈婦徐爾康妻崔氏門　冬十有一月改建儒林坊爲大成坊

乙未二十三年知縣顏悅道至

丙申二十四年修公冶子祠

丁酉二十五年夏五月修公冶子祠　秋八月二十七日天晴水溢各水皆溢尺餘　造南關大石橋

戊戌二十六年春二月城中民馬承高嬰兒坐化嬰兒三歲忽坐化承高爲小石塔葬於縣南門外　初置海神廟在琅邪臺上

己亥二十七年春二月建後蓋公堂　閏四月丙戌詔除東征加派田賦　縣人爲前知縣楊天民建生祠　以

前河南巡撫臧惟一爲南京兵部右侍郎　建玉山館

庚子二十八年以遊擊將軍王良相爲浙江總兵官　郎

布政司行署立保赤倉移社穀貯之　建水心亭於後

蓋公堂東　冬十月二十日　詔舉軍民年九十已上有學

行者縣牒儒學公舉高學等十一人給冠帶曰壽官　重建承流宣化坊

辛丑二十九年夏六月大風壽泉鄉麻溝鄉大風暴起壞垣發屋治盡吹起石磙砷張

姓家一碇鈕吹高數丈落五十步外端然不動

壬寅三十年夏六月十七日暴雨百川皆流　縣民王虎妻

張氏一產三男子一亡二存　括地　修文廟靈星門　初

建文昌閣　詔改五朵山爲五蓮山發金遣御馬監太

監張思忠督建光明寺山上以僧明開主之頒藏經六千八百卷勅書一書一錫杖二賚旛二紫衣一襲貯寺內　重修校場講武堂　改建南龍灣巡檢司於程家集巡檢馬希舜造

癸卯三十一年春建遠覽亭於常山北麓　夏五月初九日縣東五里外大雨雹廣袤數十里傷麥禾殆盡　修縣志府知縣王之臣

甲辰三十二年春旱　痘疹殤嬰孩過半

丁未三十五年秋九月初六日南京兵部右侍郎臧惟一卒

冬十月癸酉蠲振旱災

己酉三十七年夏四月十四日贈故南京兵部右侍郎臧惟一爲南京工部尚書賜祭葬

庚戌三十八年夏四月辛丑振饑

癸丑四十一年秋七月大水　縣人爲前知縣顏悅道建生祠於琅邪臺上

甲寅四十二年夏秋大水　自九月不雨至明年十月

乙卯四十三年大旱蝗　大饑人相食鬻子女至有人市　秋閏八月丁巳詔留稅銀

丙辰四十四年春山東大饑詔振有差　舉人陳其猷繪饑民圖叩闕上兩院亦連疏請振詔全免本年租賦仍發帑金倉米貸之

丁巳四十五年秋大蝗

戊午四十六年秋九月辛亥加田賦

己未　四十七年冬十有二月再加田賦　縣人以前知縣楊繼盛合祀楊天民祠

庚申　四十八年春三月庚寅復加田賦　秋八月丙午朔光宗即位詔蠲被災租賦

辛酉　熹宗天啟元年夏四月丙子以參議王化貞爲右僉都御史巡撫廣寧

壬戌　二年春二月戊寅免帶徵錢糧二年

甲子　四年秋七月癸亥振饑

丙寅　六年夏旱蝗　以邱志充爲山西右布政使（不知年）

戊辰　莊烈帝崇正元年秋九月丙子贈故兵部左侍郎臧

爾勸為兵部尚書賜祭葬

庚午 三年冬十月修儒學 十有二月乙巳詔增田賦叁餉

丙子 九年冬十有一月丁未蠲山東五年已前逋賦 地震

丁丑 十年蝗大饑

戊寅 十一年夏六月大旱蝗

己卯 十二年夏六月旱蝗 冬十月修學宮 學宮大槐出火 濰水斷流

庚辰 十三年春正月癸卯振饑是年旱蝗人相食

辛巳十四年春西門外城壕氷結如花枝葉花蕚具牡丹形橫斜不可數計每株長二三尺宛然如眞　夏六月旱蝗寇起　冬沙雞來即爾雅鵽鳩爾雅鵽鳩寇雉注鵽大如鴿似雌雉鼠腳無後指岐尾爲鳥憨急羣飛出北方沙漠地後志謂明年再至國朝李澄中謂順治康熙間屢至皆主水患

壬午十五年白鵲巢於賈悅邨　秋王斗樞舉鄉試第一

冬十有二月己卯我

大清兵畧地至縣城破時知縣存亡不可考

癸未十六年春三月濰涓扶淇三水忽竭逾日復故　我

大清兵北歸　夏六月癸亥詔免殘破州縣三餉及一切常賦二年　縣人孫復元家牝馬生三卵大如盌青色剖之有

總紀上第一

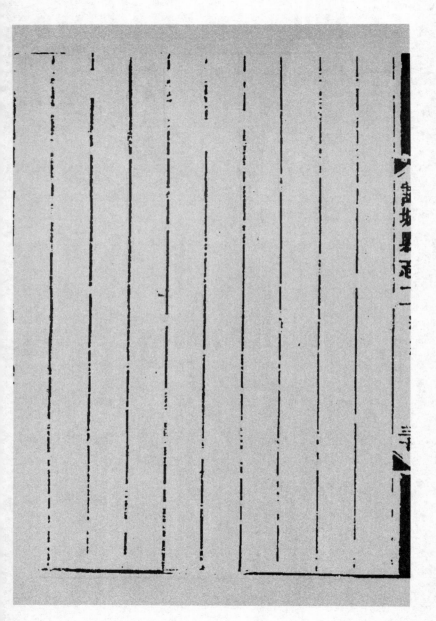

甲申　世祖章皇帝順治元年春三月丙午明亡夏五月我
大清定鼎　縣人殺李自成僞知縣　知縣程濤至
秋七月土賊邱凝休王玉山等聚衆攻城程濤以武舉
劉斌憲武進士丁彝鼎率鄉兵勦之　九月莒州賊莊
調之據九仙山爲亂程濤請於膠州總兵柯永盛遣副
將速某率兵擊之山頂舊有巨泉萬人汲取不竭至是忽涸調之遁走獲其子斬之餘黨悉
平　革千戶百戶等員置百總
乙酉　二年夏五月重建大堂　免荒田賦稅　定歲貢之
制縣學二年一人　裁主簿年不知

丁亥　四年定教官生員俸廩

詔免逃亡戶口　裁青州左衛併軍地於縣　裁百總

置千總

庚寅　七年春知縣高瓊至　秋建三堂　裁千總置守備

土賊趙盛寬等掠只溝等邨高瓊率義勇莊能等擊

走之

辛卯　八年

詔振郵士民連年山東有水災

壬辰　九年刻卧碑於儒學

甲午　十一年冬大雪平地数尺人多凍死者次年春雪融水漲壞南關大石橋

詔免順治六年七年逋賦

乙未　十二年冬大雪　裁諸城守禦所併軍地於縣　遣介汛千總隸即墨營管役改爲把總

丙申　十三年冬十有一月壬戌知縣陳邦紀至

詔免順治八年九年逋賦　官借資本墾荒戶部覆准山東額外荒地每五里設一官莊借給資本三年償還後照熟地例起科

丁酉　十四年大旱無麥禾

詔免今年糧稅　發金粟振䘏

戊戌　十五年停儒童科試

庚子　十七年夏四月盜殺知縣陳邦紀　五月府通判劉

之鵬來署縣事

辛丑十八年夏四月己亥知縣崔自晉至

壬寅聖祖仁皇帝康熙元年停科試　減歲貢三年一人　裁廩膳銀三分之二

癸卯二年夏四月丙午知縣周寀至　冬十有一月以江西右布政使王鍈爲江南左布政使

甲辰三年冬十有二月江南左布政使王鍈卒賜祭葬

詔免順治十五年已前逋賦　裁訓導

乙巳四年

詔免順治十六年至十八年逋賦

丙午 五年秋八月丙寅知縣蔣振勳至

戊申 七年夏六月甲申地震聲如迅雷城郭廬舍盡壞壓死二千七百餘人地裂湧黑沙水與樹杪齊震動數月不止旋大雨暴風田禾覆沒

詔豁壓死丁徭仍免今年稅糧之四

己酉 八年減買龍膽草荆芥價銀 秋九月己亥知縣秦甲化至

庚戌 九年冬大雪平地二三尺民多凍死 徵縣夫治河 須

上諭十六條至儒學

辛亥 十年

詔免康熙四五六年逋賦

壬子十一年秋閏七月戊子知縣卞穎至　八月修縣志

癸丑十二年復科試并考取儒童

丙辰十五年減儒童額歲科兩試皆四名　復設訓導

丁巳十六年白鵲巢於浯郵　王沛思舉四省鄉試第一

戊午十七年春正月乙未

詔舉博學鴻儒拔貢李澄中原任西寧知縣王鉞應舉　二月壬子知縣

孫祚昌至　大旱　秋海溢四五里人畜一無所傷俗曰海笑

己未十八年春三月丙申

御試博學鴻儒李澄中取二等十六名授檢討　大饑

庚申十九年復儒童舊額

辛酉二十年

詔旌烈婦王沛倈妻孫氏門

甲子二十三年增買黃蠟價銀二兩三錢有奇　秋九月

重建學宮

乙丑二十四年臨清倉米改收折色　置二楊公祠祭田

丙寅二十五年春二月甲午知縣馬辦至　秋七月頒

御製至聖先師孔子贊立石文廟　均錢糧

詔免今年錢糧令地方官勸諭搢紳富室將地租酌量減收嗣後錢糧以七分免業戶以三分免佃種之民

己巳二十八年春閏三月頒

御製顏子曾子子思子孟子贊立石文廟

庚午二十九年秋八月修城　修超然臺蘇公祠　夏六月丙寅知縣梁敷鮮至

辛未三十年

詔免天下漕糧山東係三十六年

壬申三十一年夏四月壬辰知縣金廷奎至

甲戌三十三年夏五月

詔旌節婦生員隋燦妻徐氏門　冬十有一月丁丑府通判孔毓恩來署縣事

乙亥三十四年春三月丙子知縣方峨至　秋九月壬戌

府同知王清碩來署縣事　冬十有二月癸未署知縣
鮑鐸至
丙子三十五年春正月甲戌知縣李之用至
丁丑三十六年冬十有二月丁卯孔毓恩復署縣事
戊寅三十七年夏六月己巳知縣李璠至
詔振郿貧民
庚辰三十九年秋八月戊寅署知縣李日昇至　冬十有
一月乙未知縣袁有龍至
辛巳四十年夏六月大雨水
壬午四十一年發粟振水災

癸未四十二年

詔免康熙四十三年錢糧并蠲歷年逋賦　秋九月遣

大臣振濟　班匠銀攤入地畝徵收　冬沙雞來

甲申四十三年大饑米不甚貴而錢難用有小奸漢五條腿京戳錯錢磨錢等名民多攜錢不得食以死　秋七月丙午頒

御製訓飭士子文至儒學

詔免四十四年錢糧

乙酉四十四年秋馬掄舉鄉試第一

丙戌四十五年春三月丙寅署知縣顧錫琪至　夏六月

甲寅知縣徐文煜至

詔免康熙四十二年逋賦

戊子四十七年春正月辛亥署知縣楊秘至　夏五月庚寅知縣徐繼昌至

辛卯五十年夏五月壬子大風（飛石拔木自東南而西北晴當正午晝晦如夜）

冬十月賓興舉武鄉試第一

壬辰五十一年

詔免五十二年錢糧并歷年逋欠

癸巳五十二年

詔丁銀以五十年爲常額（嗣後續生永不加賦）

詔旌節婦丁世法妻高氏門

甲午五十三年春以江南按察使劉棨爲四川布政使以左副都御史李華之爲刑部右侍郎旋轉左

詔旌節婦王沛慈妻張氏王沛懿妻馮氏門

乙未五十四年修關帝廟

詔旌百歲老人李射斗門官給銀三十兩建昇平人瑞坊又三年乃沒冬十有一月戊午署知縣徐人元至

詔旌節婦李作輔妻李氏管攀俊妻郭氏王允濟妻王氏李蔦之妻郝氏門

丙申五十五年春正月己酉知縣羅廷璋至

丁酉五十六年行鄉飲酒禮大賓王沛思介賓邢瀧遠衆賓李射斗是時前後數舉皆

失共

年

戊戌五十七年夏五月庚申四川布政使劉棨卒　以工部右侍郎王度昭爲兵部右侍郎

己亥五十八年秋七月霪雨害稼　發常平倉穀振貧民

庚子五十九年秋八月壬寅刑部左侍郎李華之卒

辛丑六十年春旱麥禾不能遍種　修超然臺蘇公祠　改二楊公祠爲楊繼盛專祠

詔發粟振饑

壬寅六十一年春旱　發倉借民

癸卯世宗憲皇帝雍正元年

詔免康熙六十年并今年被災錢糧

詔將康熙五十八年至六十一年分年帶徵未完錢糧

停徵一年　廣生員額七名

詔旌節婦李祈妻楊氏門

甲辰二年春正月丁丑致仕兵部右侍郎王度昭卒

詔建忠孝祠節義祠

詔建劉猛將軍廟　秋有年　冬氷結如花

乙巳三年

詔錢糧耗羨銀歸公作各官養廉　春

詔將康熙五十八年至雍正元年帶徵錢糧從雍正元

年寬限至八年帶徵

詔蠲定名宦鄉賢祀典

詔旌節婦惠及民妻王氏門　額

聖諭廣訓至儒學

丙午四年夏六月以左副都御史王沛憻爲吏部右侍郎

定攤稅無常額　丁銀攤入地畝　毗籠地迷失錢

糧均攤民佃　廣生員額五名永爲額

丁未五年春閏三月乙酉知縣張士相至　置先農壇

秋七月

詔旌節婦生員劉勲妻李氏門

詔加王沛憻左都御史銜致仕

戊申六年

詔陞河南巡撫爲河東總督山東布政司隸之　陞鹽課大使爲正八品　秋八月甲辰知縣靳樹庸至　冬十月庚子

詔舉品行才猷可備任使者癸年監生丁芳植應舉授知縣

己酉七年秋八月丙辰

詔旌節婦祝博妻胡氏門　免明年山東錢粮四十萬兩　冬沙雞來

庚戌八年夏六月大雨自戊午至甲子風雨交作山水陡發壞田廬　秋八月

壬寅知縣俞鋐至　冬十有二月己未撤鹽課入地畝

辛亥九年春三月乙丑知縣王殿纘至　加直隸口北道僉事王棠按察使銜

壬子十年春二月庚寅致仕左都御史王沛憻卒賜祭葬　夏五月丁丑知縣蔣元柏至　秋八月己卯淡水同知楊瑞祥轉餉溺於海賜祭葬贈福建按察副使蔭一子入監讀書　冬十有二月辛酉知縣郭芝至

癸丑十一年夏五月加王棠光祿寺卿銜　秋九月甲辰頒

上諭二部至儒學彙部二十四冊　冬十有二月庚午署知縣

李可大至　免今年山東錢糧四十萬兩　立普濟堂十三年救人賑穀七百石

甲寅十二年裁靈山衛併軍地於縣　置普濟堂三所

乙卯十三年秋七月壬戌知縣鄭其儆至　大熟官勸民輸穀貯各鄉爲社倉　丁琪舉鄉試第一　冬十月壬辰

詔旌節婦候選州同王沛㒞繼妻冷氏生員楊渺妻王氏王柴妻馮氏門　以左春坊左庶子劉統勳爲詹事府詹事

丙辰今皇帝乾隆元年裁瓜果等稅課程牙雜走稅皆著定額　增教

官俸銀　修常平倉　廣生員額七名　免錢糧十分
之四　廢河東總督
丁巳二年復廩膳銀
戊午三年冬十有二月丙戌
詔旌節婦惠淇繼妻劉氏婁杓妻李氏丁灝妻惠氏門
諸城所軍屯改隸安邱
己未四年冬十有二月戊寅
詔旌節婦生員高廷簡妻邵氏祝緒妻高氏王引祀妻
隋氏范淞妻臧氏門
詔旌節婦監生王建猷妻李氏門

庚申五年修縣治大門毀門上譙樓
詔旌節婦鄭玉成妻張氏門
辛酉六年春正月乙酉
詔旌節婦李湑繼妻安氏監生孫元凱妻李氏門 二
月戊申頒
上諭四部至儒學 文武和衷一冊三教同源三冊士習一冊性理一冊 三月己
卯頒明史至儒學 百十二冊 冬十月丁未頒
欽定四書文至儒學 化治二冊正嘉三冊隆萬三冊天崇六冊本朝八冊 巡撫
飭舉善人 知縣以李綏璽賓禮祝慶上
壬戌七年裁安東衛併軍地於縣 裁南龍灣巡檢

詔舉直言極諫如陽成馬周者安溪知縣王植應舉

癸亥八年夏四月戊戌頒

世宗憲皇帝上諭二部至儒學每部十冊　頒樂器至儒學

丙午知縣王志會至　冬十有二月乙卯

詔旌節婦王沛慎妻劉氏門

甲子九年春正月乙未頒學政全書至儒學一冊　夏四月

乙丑

詔旌烈婦候選州同丁廷抹繼妻李氏門　冬十有二

月辛亥

詔旌節婦王鉋妻王氏王兆鯤妻丁氏門

乙丑十年修倉貯府穀　夏六月乙丑

詔免直省錢糧山東係十三年各省輪免正賦之年並停徵歷年逋賦　冬十月戊申知縣王鈞至

丙寅十一年春正月庚午頒

御纂周易折中性理精義

欽定書經傳說彙纂詩經傳說彙纂春秋傳說彙纂各二部至儒學易二十冊性理十二冊書二十四冊詩三十六冊春秋四十八冊　修學宮　秋霪雨兩月無禾　九月乙未

詔旌烈婦王者經妻陳氏門　冬十有二月戊寅

詔以前署知縣劉之鵬入祀名宦祠

丁卯十二年大饑自去年八月不雨至是年五月丁未始雨連月不止大無禾

詔發粟振饑 秋八月庚辰知縣李錫爵至 冬十有一月戊申署知縣傅夢賚至

戊辰十三年大饑 春二月戊辰頒

御撰明史綱目三編至儒學四冊 夏四月辛未侯補雲南道府前任光祿寺卿王棠卒 壬午知縣牛思凝至

大蝗 遣使勘振

己巳十四年饑 春二月壬午蘆家海口出大魚長十丈高三丈

修大堂 加貯倉穀萬石大州縣額貯一萬六千石 府穀歸於

縣　定文廟樂舞生引贊生八名樂生三十六名舞生三十六名備補生二十名

辛未　十六年重建樓於雙門上　蝗　夏六月己亥署知縣吳濤至　冬十有二月壬子知縣李瀚至

壬申　十七年夏旱　六月以翰林院侍讀學士竇光鼐爲內閣學士兼禮部侍郎　冬十有二月辛丑

詔旌節婦李山齡妻張氏生員臧祚蕃妻王氏門

癸酉　十八年春三月庚午以戶科給事中范廷楷爲江西按察使　秋七月大風雨損禾　勸民開溝

甲戌　十九年行鄉飲酒禮大賓[illegible]延楨介賓劉緒煩衆賓高國敬等

乙亥　二十年秋七月大風拔樹　八月庚午須

御製平定金川碑文至儒學　行鄉飲酒禮大賓[illegible]介賓隋廣義衆賓丁松果

丙子二十一年冬十有二月壬午

詔旌節婦臧端臨妻王氏生員管采妻范氏張用暐妻孫氏門王范給銀建坊孫給欽定清標彤管扁字餘不請者皆給銀建坊　行鄉飲酒禮大賓王[illegible]介賓張[illegible]衆賓王[illegible]

丁丑二十二年冬十有二月丙子

詔旌節婦監生臧應眉妻邱氏李玥妻寇氏生員王元駟妻劉氏門邱寇建坊劉給扁

戊寅二十三年夏五月壬寅署知縣王椿至　秋九月辛

邪知縣張師赤至　冬雨介密雨一夜比曉草木皆結成氷風起樹折鳥翼結不能飛　復以楊天民與楊繼盛合祀並塐二公像

己卯二十四年夏閏六月戊子震

御製平定伊犂碑文至儒學　裁夫馬去馬二匹馬夫一名　修超然臺

詔旌節婦李祥泰妻郭氏門　秋大風傷禾　七月丁卯頒科場磨勘則例至儒學　八月丙申頒貢監例冊至儒學　九月辛亥頒

欽定三禮義疏至儒學百八十二冊　冬十有二月壬辰

詔旌節婦王執信妻周氏門

庚辰二十五年春三月丁巳頒
大清律例
欽定督捕則例各一部至儒學（律例二十冊　捕例二冊）夏四月
甲申王中孚中會試第一　秋八月壬午頒磨勘條例
至儒學　九月甲辰王維垣舉鄉試第一　冬十有一
月己酉頒三場擡頭格式至儒學
辛巳二十六年春二月甲申頒
欽定鄉會墨選一部至儒學（三冊）　三月己酉修城　社
穀移貯縣倉（見貯正穀三千五百五十二石六斗零）　夏五月戊申以吏
部尚書協辦大學士劉統勳爲東閣大學士　冬大寒

井中氷厚寸餘

（壬午）二十七年春正月乙巳署知縣攸萬春至　夏五月癸卯知縣宮懋讓至　秋七月甲子增修公冶子祠以祭田隸儒學　閏五月遵化州知州前任江西按察使范廷楷卒　冬十月庚寅朔城工竣　庚戌修縣志十有二月丁未

詔旌節婦王汾嗣妻張氏門（給扁）

（癸未）二十八年夏四月辛卯修文昌閣　五月壬午建明南京吏部尚書邱樑祠冬沙雞來

（甲申）二十九年春正月己未以左副都御史賈光鼐爲順

天府府尹　二月辛丑建教諭訓導二署　三月丁巳
重建常山趙公祠　戊寅署知縣顧士安至　七月辛
亥知縣何樂善至　丙子志書成

總紀下第二

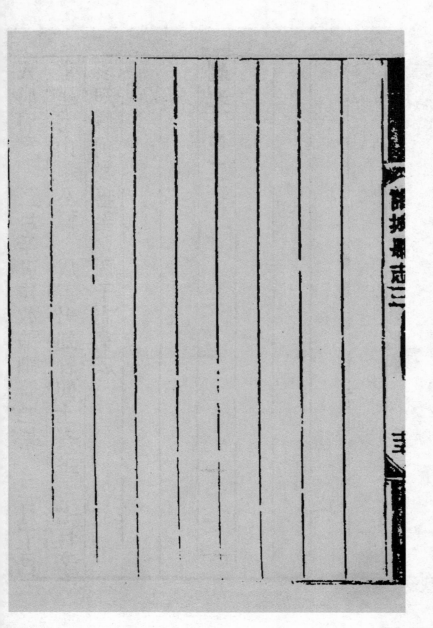

（清）劉光斗修　（清）朱學海纂

【道光】諸城縣續志

清道光十四年（1834）刻本

總紀

予續諸城志其義例皆如舊邑令劉君光斗敍詳載其言之矣惟總紀列學政及鄉會試考官爲前志所無亦春秋尊王人之義又掄才大典也故著之

甲申 二十九年秋九月壬戌署知縣朱必壎至何樂善引見

冬十一月乙卯知縣何樂善至

乙酉 三十年秋七月大水 吏部稽勳司主事劉墫爲廣東鄉試副考官

丙戌 三十一年

丁亥 三十二年

戊子三十三年春三月癸丑署知縣陳鶚至何樂善陞膠州去

劉純煒由海寧道遷江寧布政使　秋吏部文選司郎中劉墫爲陝甘學政　冬十月甲戌知縣瞿朝宗至

己丑三十四年　冬十二月劉純煒爲太僕寺卿

庚寅三十五年春都察院左副都御史竇光鼐爲順天府府尹

詔免山東三十七年租賦　秋七月丙寅署知縣楊志梁至瞿朝宗同考鄉闈

辛卯三十六年廣生員額五名　三月大學士劉統勳爲會試正考官　秋九月丙辰知縣瞿朝宗至

壬辰三十七年春劉墉由江西鹽驛道遷陝西按察使
三月
詔旌烈婦丁誼妻厲氏門　秋八月
詔旌節婦鄭亟介妻竇氏王燕妻崔氏門
癸巳三十八年春三月甲寅署知縣許德芳至瞿朝宗丁憂去
劉純煒爲順天府府尹　夏六月竇光鼐爲宗人府府
丞　戊申知縣金廷佐至　冬十一月庚子太子太保
東閣大學士劉統勳卒
甲午三十九年春縣民郭榮妻甯氏一産三男　夏五月
吏部文選司主事王元茇爲福建鄉試副考官

乙未 四十年春二月
詔旌節婦王延祾妻李氏門 冬十月辛卯署知縣朱宥廣至 金廷佐丁憂去
丙申 四十一年春二月劉墉爲內閣學士 秋八月蝗集樹樹折近十餘里禾黍一空
丁酉 四十二年夏五月丙子雨雹 六月劉墉爲江南鄉試正考官 秋八月劉墉爲江蘇學政 冬十月劉純煒爲光祿寺卿
戊戌 四十三年春旱
詔免山東四十四年租賦 夏五月丁卯光祿寺卿劉

純煒卒　劉墫由安徽道遷陝西按察使　冬十一月劉墉爲戶部右侍郎

己亥四十四年　春劉墉爲吏部右侍郎　秋七月庚子知縣陳嘉言至　劉墫爲江寧布政使

庚子四十五年春二月詔旌節婦邱寅妻任氏門　三月劉墉爲湖南巡撫　夏五月賀光熊爲福建正考官　冬十二月庚午署知縣宋良棟至　陳嘉言丁憂去

辛丑四十六年春二月詔旌貞女李岡妻單氏門　劉墉爲都察院左都御史

夏五月乙酉知縣吳人驥至　秋七月戊申知縣趙王槐至　吳人驥告病去

壬寅　四十七年春修縣署　二月詔旌節婦孫鹽相妻邱氏臧廷徵妻宮氏門　夏五月竇光鼐爲浙江學政

癸卯　四十八年春二月詔旌節婦逄洛妻王氏門　秋七月竇光鼐留浙江學政　劉墉爲吏部尚書　八月辛酉知縣陳嘉言至　趙王槐被劾去　劉墉爲順天鄉試正考官

甲辰　四十九年春修縣獄

乙巳五十年大旱自去年秋至五月不雨 夏四月疫 壬午知縣姚學提至陳嘉言病卒 五月劉墉爲協辦大學士 秋大無禾 冬十二月戊寅大雨雪人多凍死

丙午五十一年春大饑饑死無數斗粟至銀一兩五錢 正月竇光鼐爲吏部右侍郎 二月開倉振饑 夏五月疫 秋八月己巳署知縣徐天樞至姚學提同考鄉闈 大有年 九月竇光鼐爲宗人府府丞 冬十二月庚申知縣姚學提至

丁未五十二年春二月詔旌節婦王元璺妻李氏門 劉墫爲鴻臚寺卿

戊申五十三年春正月

詔旌節婦王元鴻妻李氏門　夏四月己未雨雹

己酉五十四年夏六月竇光鼐爲禮部右侍郎爲浙江正考官　雨雹大如雞子　秋八月竇光鼐爲浙江學政　劉墉爲順天學政　九月劉墉爲禮部左侍郎　冬十二月乙亥署知縣蔣寻林至姚學提解送軍餉

庚戌五十五年春三月丙午知縣姚學提至　辛卯大霜傷麥禾

詔免山東五十八年租賦　廣生員額五名　夏六月

詔以公冶守仁奉先賢公冶長祀

辛亥五十六年春正月劉墉爲都察院左都御史　夏六

月乙卯知縣朱杲至姚學提以事去　秋七月旱
詔旌趙悅尉五世同堂　劉墉爲禮部尚書　冬十月
癸丑署知縣王佩葵至朱杲告病去
壬子五十七年夏六月甲申知縣何肇淳至　秋七月竇
光鼐爲都察院左都御史　八月劉墉爲順天鄉試正
考官　劉墉爲吏部尚書
癸丑五十八年春正月
詔旌節婦丁人龍妻秦氏門　三月修城郭　劉墉爲
會試正考官　冬十二月濰水溢壞橋梁
甲寅五十九年春修縣署　秋八月竇光鼐爲順天鄉試

正考官

乙卯六十年春大旱自去年秋至春無雨雪　三月竇光鼐爲會試正考官　夏五月戊辰雨　竇光鼐以四品銜休致劉鐶之由翰林院侍讀遷侍講學士　秋七月庚申署知縣鄭紹書至何肇淳同考鄉闈　虸蚄生食穀穗皆盡　九月庚辰予四品銜前都察院左都御史竇光鼐卒　癸未知縣何肇淳至　修沿海礮臺

丙辰仁宗睿皇帝嘉慶元年春二月地震聲如迅雷壞廬舍　廣生員額七名　三月詔旌節婦李龍文妻劉氏門　夏六月修沿海敵臺

秋八月乙酉大水壞田盧 冬十月大雨雪

丁巳二年春正月巳未大風樹多凍死 劉墉爲體仁閣大學士 廣生員額七名 修縣獄 縣民王立妻張氏一產三男

詔旌高智生五世同堂

戊午三年

詔免租賦

詔旌原任鴻臚寺卿劉墉五世同堂 劉鐶之爲侍讀學士 秋八月大雨雹 大水 冬十月

詔卹死事署忠州知州王垂重 巳未地震

己未四年春正月劉鐶之爲浙江學政　二月乙未署知縣汪正煒至何肇淳以事去　大疫　夏六月己亥知縣俞聖基至　冬十月劉鐶之爲詹事府詹事　十二月乙未署知縣善寶至俞聖基以事赴省

庚申五年春劉鐶之爲內閣學士兼禮部侍郎　夏五月壬辰知縣俞聖基至　六月霪雨

辛酉六年秋九月鴻臚寺卿原任江寧布政使劉墫卒

壬戌七年春正月劉鐶之爲兵部侍郎　秋八月蝗　修學宮修崇聖祠　冬十月乙巳署知縣徐紹薪至俞聖基以事去　十一月地震

癸亥八年春正月庚午大雨雪 二月

詔旌節婦王詩妻劉氏丁淹妻趙氏門 三月蝗 夏

五月乙未大雨雹

甲子九年春正月劉鐶之爲江蘇學政 夏五月丙午知

縣張懷淸至 六月劉鐶之爲吏部右侍郎 冬十二

月巳卯太子少保體仁閣大學士劉墉卒

乙丑十年春正月劉鐶之爲戸部左侍郎 夏五月庚寅

雨雹 閏六月

詔旌節婦李嶡妻丁氏門 海口出大龜約重千餘斤 秋

八月蝗不爲災

丙寅十一年春正月

詔旌節婦王中孚妻李氏門 二月庚子署知縣張兆齡至 張懷清丁憂去

丁卯十二年春二月己丑晝晦大風 屋瓦皆飛傷人甚衆

詔旌節婦王鼎錕妻邱氏臧宸煦妻宋氏門 劉鐶之爲順天學政 夏六月戊寅知縣張京至 縣民王授堯妻曲氏一產三男

戊辰十三年

己巳十四年春三月修縣署修城隍廟

庚午十五年春旱 夏六月劉鐶之爲浙江鄉試正考官

秋大雨　八月劉鐶之爲江蘇學政

辛未十六年春旱　二月

詔旌節婦孫金相妻王氏門　閏三月雨雹　劉鐶之爲兵部尚書　秋旱　七月戊寅署知縣周存義至張京以事去　冬十一月甲申知縣戚祖茂至

壬申十七年春饑

詔緩租賦　夏六月大雨凡七日夜近海平地出水決白馬河故道　冬大寒麥多死

癸酉十八年春饑　秋八月劉鐶之兼順天府府尹　九月修縣獄

甲戌十九年夏六月劉鐶之爲戶部尚書

乙亥二十年春正月朔大雪　冬十二月丁巳署知縣朱鍾至咸祖茂大計免

丙子二十一年夏閏六月庚寅知縣周宗華至

丁丑二十二年夏四月

詔旌節婦臧宸愷妻任氏門　修縣署　修楊繼盛楊天民祠　秋八月劉鐶之爲刑部左侍郎

戊寅二十三年春二月大疫

詔旌節婦丁錫喆妻王氏門　秋八月劉鐶之爲順天鄉試副考官　冬十二月劉鐶之遷都察院左都御史

雨介

己卯二十四年秋

詔免逋賦

詔旌孝子王垂遠門　冬十月晦至十一月朔大雨雪

十二月大雨壞橋梁

庚辰二十五年春二月甲辰署知縣盧中致至周宗華丁憂去

三月劉鐶之爲兵部尚書　雨雹　廣生員額七名

秋九月劉鐶之爲吏部尚書

辛巳今皇帝道光元年廣生員額七名　夏五月大雨雹

秋霪雨　大疫死者甚衆　大有年　冬十二月壬辰太

子少保吏部尚書劉鐶之卒

壬午 二年春二月

詔旌節婦盧鑑妻艾氏門　修諸馮廟　冬十月丁卯

知縣劉世培至

癸未 三年春二月

詔旌節婦孫用烈妻曹氏門

詔緩逋賦　秋大有年　修沿海敵樓礮臺

詔緩徵租賦二年

甲申 四年春二月　修學宮

詔旌節婦丁綏璋妻初氏王敬穀妻單氏烈婦鍾大文

婁丁氏門　夏六月霪雨　壬子署知縣王枚至培庸

卒

乙酉五年春二月戊辰知縣方觀國至

詔旌節婦王文筠妻臧氏門

丙戌六年春旱　二月

詔旌節婦惠元堂妻王氏臧宸熹妻王氏門　夏霪雨

丁亥七年春饑　三月地震　晝晦恒星見　秋八月海

溢沿海禾盡死　俗名海笑

詔緩逋賦

戊子八年春二月

詔旌節婦宋希程妻王氏暨子元吉妻孫氏門　甲申
知縣劉光斗至方觀國以事去　秋七月大水河溢壞田廬　振饑
民　冬十二月海退俗名海敓
己丑九年春正月
詔旌節婦王庚禧妻邱氏門　二月
詔旌烈女丁樹喬妻李氏門　三月發倉粟振饑民
詔緩逋賦　秋八月修蘇公祠龍王廟劉將軍廟　冬
十月甲申地震　十二月大霧
庚寅十年春正月大雨雪　修縣署　二月
詔旌節婦王階慶妻丁氏門　夏五月丙寅署知縣趙

雲鵬至劉光斗以事赴省　修龍王廟　秋八月乙亥知縣劉

光斗至　大有年

辛卯十一年春二月

詔旌節婦丁華瑛妻安氏門

壬辰十二年夏四月戊寅霜傷麥禾　五月丁未雨雹　秋

八月霪雨　九月桃李華　冬十一月設粥廠振饑民

至明年二月止　王瑋慶由戶科給事中遷內閣侍讀

學士

癸巳十三年春饑　大疫　二月

詔旌節婦臧維圻妻李氏門　王瑋慶爲順天府府丞

夏五月海口出大黿約重四千斤以巨筏二載入海放之　建學宮廊舍　秋大雨　七月修公冶祠　王瑋慶爲大理寺少卿　冬十月大雨雪　修縣志

甲午十四年春饑　二月癸卯署知縣鄧亮功至劉光斗丁憂去

詔旌節婦丁錫衵妻黃氏李峋妻王氏門　三月雨雹

夏四月大雨雹傷麥　王瑋慶爲光祿寺卿　秋七月甲子知縣汪封渭至

乙未十五年春饑　二月

詔旌節婦祝棠妻臧氏孫啟運妻劉氏王訓妻周氏門

夏六月癸未志書成

（清）劉嘉樹修　（清）苑棻池、邱濬恪纂

【光緒】增修諸城縣續志

清光緒十八年（1892）刻本

總紀　　增修諸城縣續志

總紀義取編年體例悉仍續志其與續志小異者凡詔旌忠烈孝義節孝人瑞皆詳其人本傳不重載舉鄉試第一者前志皆入總紀續志不入茲仿前志入之

乙未十五年夏大無麥傷霉　五月二十日過黃蜨大者如扇二十四日大雨傷禾至七月始止　秋大無禾　七月署知縣嚴廷中至　冬設粥廠振饑民

丙申十六年春饑人相食　大疫　夏五月風熱如火墻垣門窗皆不可近　秋大熟

丁酉十七年春饑　正月邑城戒嚴濰邑教匪馬剛作亂　夏四月

署知縣王心一至　麥大熟　秋八月旱蝗　王琦慶由霸昌道調廣東督糧道

戊戌十八年春蝗子生　三月廣東督糧道王琦慶卒

夏四月旱蝗　麥歉收傷霉　劉喜海由汀州府知府署興泉永道旋擢甘肅鞏秦階道

己亥十九年夏四月霉傷麥　秋七月署知縣謝俊升至

旌孝子牛綸吉門

庚子二十年春二月大黑風　戶部侍郎王璋慶充會試大總裁　李璋煜爲江南鹽巡道秋署江蘇按察使又署江寧布政使　冬十月代理知縣李炳至　十一月

知縣張涵至　十二月朔亥時地震

辛丑二十一年春正月壬子大風雪壞屋拔木人有凍死者　秋八月蝗　代理知縣唐際中至張涵撤任　署知縣陳國器至

劉喜海調陝西延榆綏道署潼商道　冬蝗子鬻市

壬寅二十二年春正月初十日雷雨雪　地生毛　二月知縣周王福至　夏六月霪雨傷禾　秋五弩山隕石聲如雷　戶部侍郎王瑋慶卒

癸卯二十三年春二月初旬天欃見氣如練首尾銳亘室入漢界奎壁間逾月沒　海防戒嚴暎夷犯海疆　夏六月知縣周王福建崇文義學　秋七月建楊公義學　大

水　白鵲來巢　王祺海舉鄉試第一　九月知縣周
王福建節孝總坊　修南北壇　修城池　李瑋煜調
廣東惠潮嘉道
甲辰二十四年春二月泊鎭紳士吳俊升稟建道南義學
夏四月天雨土　秋旱　九月癸未氷　代理知縣
何堂至周王福陞同知去　冬十月知縣章文津至
乙巳二十五年秋七月霪雨傷禾　八月二十八日縣民
陳儉妻李氏一産三男　冬十月博山知縣邱文藻來
校士章文津縣試調齊後因公赴省
丙午二十六年春二月署知縣陳澐至　夏五月壬申大

風雨雹拔木傷禾 六月十三日地震 十九日地震 李
璋煜調署南韶連道 劉喜海擢四川按察使 秋九
月旱
丁未二十七年春旱自去年九月不雨至四月始雨 李璋煜升浙江按
察使調廣東按察使 秋大有年 九月初十日戌時
地震 冬十月初五日亥時地震 十一月署知縣王
元善至 劉喜海升浙江布政使署浙江巡撫
戊申二十八年春三月大風 夏五月雹 日赤如血
六月二十日大風拔木傷禾 秋九月城隍廟火 李璋煜
升廣東布政使

己酉二十九年春三月二十二日劉世貴妻楊氏一產三男 知縣何堂至 夏五月大旱 李璋煜調江蘇布政使 王進喜妻 氏一產三男

庚戌三十年春元旦樹介 申刻日有食之 二月十四日大黑風 三月修城隍廟 代理知縣葉維樞至何堂以墨被劾去 夏地生毛 四月署知縣盧文選至 秋七月修關帝廟 九月朔賈悅鎮火燒民房三千餘間 冬十月二十五日未刻天鼓鳴 歲試廣生員額七名 邱在芬妻任氏一產三男

辛亥文宗顯皇帝咸豐元年春二月二日大風黃塵蔽日

發屋拔木　夜大雨雹　知縣王廷榮至　夏五月初六日雨雹　秋八月代理知縣陳應元至　九月十五日立冬夜雷　冬十二月十五日立春夜雷　廣生員額七名　饑

壬子二年春饑　疹疫傷人　秋大水　七月代理知縣沈錫祺至王廷榮同考卿闈　冬十月朔日食　初六日戌刻地震

癸丑三年春正月丁卯大風雨毛　二十二日雨黃土　二月初七日亥刻地震次日未刻又震　秋七月彗星見西北方長數尺　十二日大風傷禾　霪雨兼旬

歲試廣生員額七名

甲寅四年春三月二十五日日赤如血申刻有數日見紫紅黑色夾日上下摩盪　五月初九日戌刻地震　大有年

乙卯五年春正月十七日夜雷電雨雪　二月初旬雨土日赤無光　知縣祥恩至　夏六月代理知縣韓綏昌至祥恩引見　七月霪雨大風傷禾　十一月十一日張智妻譚氏一產三男　冬十月署浙江巡撫劉喜海卒　十二月朔亥刻地震

丙辰六年春二月己未雨黃土　知縣祥恩回任　三月癸酉又雨土　夏無雨　五月蝗　秋七月代理知縣

趙鍾華至祥恩病故　二十日蝗大至自西南而東北渡淞水如橋梁折木傷禾

平地厚尺許　八月署知縣仇恩注至　豆歉收　冬十月

丁酉地震　沙雞來　修城垣

丁巳七年春饑　夏四月隕霜傷禾　閏五月大旱蝗

六月蝗生如蟻　秋旱　七月望後月晝見六日　壬

辰蝗大至食豆苗殆盡　冬十一月壬辰江蘇布政使李璋

煜卒

戊午八年春正月草木介不爲災　夏蝗　四月雹傷麥

秋七月彗星見東北　八月彗星見西北長丈餘貫斗垣月餘始隱

九月太白晝見　冬修學宮

己未九年春正月大雪雷電　二月初八日寅刻地震　三月學宮成　夏地裂井出烟　六月大雨雹　秋八月庚子夜大雷雨漂沒廬舍　知縣仇恩注禁伐廬山石從邑人宋鎮嶠等公請也　旱蝗

庚申十年春正月八日辰刻天鼓鳴聲如雷　三月初十日午刻大黑風蔽日夜間常有火光如龍虎形自空中過　夏蟲傷豆苗　六月彗星見　秋七月蝗大至自西南來河流不能阻　虹見北方　八月辛亥月華　署知縣崔灝至仇恩注引見　南匪告警各鄉團練築堡　九月雨雹傷豆　冬沙雞來　冰結花　井凍

詔前知縣周壬福入祀名宦祠

辛酉十一年春正月木介　初七日雷　十三日雪雷

二月民間器械夜放火光樹巔平地皆閃爍有光　二十五日捻匪至渠河南岸邑城戒嚴知縣崔灊帶勇會鄉團禦之賊南竄　三月長星亘天　夏麥大熟　五月彗星見　蚩尤旗見北方

六月十二日亥刻地震　秋七月知縣鄒崇孟至

孛星見　十三日夜白虹見北方　八月丁巳朔日月合璧五星聯珠　大有年　初五日捻匪犯境殺擄焚掠甚慘往來蹂躪至十月初三日始南竄　冬彗星又見　瘟疫流行　沙雞來　十一月大風夜樹杪有火光　樹皆華　冰結花　免賦

太白晝見

壬戌穆宗毅皇帝同治元年春正月雷雪　大旱　疫

二月十六日夜大風火星繞樹　三月知縣張曜至鄒崇孟調任滕縣

夏六月飛蝗蔽日不爲災　秋七月十五日彗星見斗垣　八月大疫傷人甚多　冬十一月初六日地震

癸亥二年春正月初七日雷電　秋蝗　七月十五日日赤如血　廣生員額七名　增生員一名　彗星見

甲子三年春正月初三日范桂森妻朱氏一產三男　乙卯夜大雪雷電樹皆有火光　夏五月麥秀雙歧　吏部郎中王祺海充廣西鄉試副考官　彗星見　秋蝗　大

旱　冬十二月十七日代理知縣陳兆慶至（張曜引見）
詔辛酉殉難紳民入祀忠義祠
乙丑四年春正月己酉雷電雨雪　樹介　三月知縣張
曜回任　夏六月署知縣仇恩注至　白鵲來巢　丁
亥大雨壞田廬　蝗　冬十月建忠義祠於學宮西偏
邑人王以鏈建僧忠親王祠於叩官莊
丙寅五年夏四月太白晝見　秋九月十五日丑刻地震
冬十一月十二日夜金龍見（火光徧身自東南向西北去）　沙雞
來
丁卯六年春二月有大白蝠二止於縣署　附西城修土

圍　夏五月捻匪至突運河長圍由縣境竄登萊間　六月大疫　秋蝗　冬十月捻匪回竄縣境官兵追剿幸未盤踞　十二月知縣董槐至仇恩注調長清　免賦

戊辰七年春疫人多死　正月癸未大雨雷　秋旱六十餘日　七月蟲傷豆　白鵲來巢紅石頭莊巷頭莊均見　冬十月十三日楊文寶妻王氏一產三男

己巳八年夏五月大雨雹　秋七月大風雨雹拔木傷禾　八月馬耳山鳴勢如地震近山屋宇動搖數日

庚午九年春正月戊辰木介　初四日夜雷電　白鵲來巢　二月二十九日大雨雪兼雨粟　夏五月初八日

大雨雹傷麥　秋八月雨雹傷豆　牛疫　九月初九日虹見北方　建龍池廟義學

辛未十年春正月十七夜月華　三月十二日大黑風牛疫

壬申十一年夏五月朔日食星見　六月大風傷禾　秋八月十一日孫增啟妻王氏一產三男

癸酉十二年春正月甲辰日赤如血午刻有星如鳥夾日以飛　二十六日雪雷　夏五月雨雹傷禾　牛瘟

甲戌十三年夏五月彗星見　秋七月三十日雨雹　修觀海書院

乙亥今皇上光緒元年春正月十八日月出白氣如練
三月朔夜有火光自西而東聲如雷　夏六月代理知
縣陳慶成至　秋七月十六日大風三日損禾稼　旱
麥失種豆歉收　冬無雪　十月二十三日星隕聲如雷　十
一月署知縣朱行祺至
丙子二年春大旱自去年秋無雨至四月二十日乃雨　三月地震　夏大
無麥　六月大旱　秋七月蝗　大風傷禾　科試廣
生員額七名　沿海栽樹云備海防旋廢
丁丑三年春二月六日雷雨雹　夏四月知縣丁雲翰至
五月過黃蝶　麥歉收民食樹葉　六月隕霜殺蔬　秋

七月辛巳壬午大風傷禾　八月蝗不爲災　雹傷豆
縣民孫三妻王氏一産三男　冬十月署知縣吳若
灝至　井凍
戊寅四年春旱　二月二十日大黃風　廓觀海書院地
基增修考棚　夏六月蝗
己卯五年春三月二十三日寅刻地震　夏五月蚜蚄傷
稼　六月霪雨傷禾　秋七月大水　疫　八月知縣
秦應逵至　翰林院編修臧濟臣督學湖北　歲除大
霧
庚辰六年春元旦樹介　冰結如花　夏五月十一日雨

雹　飛蝗投海　秋八月代理知縣馬應午至（泰應逵丁憂）

沙雞來　九月大風（砂石飛走中有火星）　冬十月署知縣程

西池至　十一月二日空中有火光聲如雷　十二月

丙寅地震

詔建節孝總坊

辛巳七年春三月旱　夏麥歉收　六月雨雹　彗星見

閏七月戊申大雨水　冬冰結如花

壬午八年春二月知縣韓釗至　夏四月十九日大雨雹

秋七月大水　代理知縣文檄至（韓釗調鄉試外簾官）　八月

彗星見東方光如白練　修城垣　冬勸民儲倉穀

十二月丙子未刻虹見南方　歲除木介　冰結如花

癸未九年春正月潍水溢壞橋梁　草木介　徐會澧由翰林院編修補國子監司業歷轉司經局洗馬翰林院侍講侍讀　冬十月李肇錫由給事中　簡貴州貴西兵備道

甲申十年春二月

詔旌孝女李氏門女夢吉女　夏五月五日大雨雹　秋大旱　冬無雪　十月臧濟臣補詹事府右春坊右贊善

重修觀海書院　十一月代理知縣李瑜至

乙酉十一年春正月署知縣吳若灝至　二月臧濟臣補

左春坊左贊善充日講起居注官旋補右春坊右中允

夏五月十八日戌刻有火光如龍聲若雷起西南向東北去

秋八月旱　大風傷禾　冬十月二十一日夜流星

如織　十一月卉木重華　苑葵池由吏部郎中

僩浙江温處兵備道

丙戌十二年春二月署知縣王敬勲至　三月臧濟臣署

國子監司業補左春坊左中允　夏四月天鼓鳴　秋

七月霪雨大風傷禾　大雨雹　冬十月知縣劉嘉樹

至　臧濟臣補司經局洗馬

丁亥十三年重修文廟　夏五月疫　麥大熟多雙岐

六

月太白晝見積尸星有光　秋牛多疫死　九月十五日有火光起東北聲如雷　豆歉收

戊子十四年夏旱　徐會澧升侍講學士轉侍讀學士充山西正考官　秋八月大疫　牛瘟　旱　無豆　苑棻池署浙江按察使

己丑十五年春蚜蚄生　修超然臺及劉猛將軍廟　夏四月雨雹傷麥　五月旱　初四日申刻地震酉刻又震亥刻又震

六月署知縣錫元至劉嘉樹調署滕縣　秋七月初四日白龍見客水長數丈頭如巨盎尾掉水中浪隨湧少頃有數黑龍接引大風雨拔木壞屋廬迨雨時始騰上　雨雹傷豆　飲馬莊農家牛生犢六足四目四耳　冬

十月徐會灃充武闈副考官　十二月甲戌夜地震

庚寅十六年春疫　三月丁亥雨雹　隕霜殺麥　夏四月知縣劉嘉樹回任　枳溝鎮牝驢生卵五（大如鷄子甚堅淡白色）　六月霪雨傷禾　李肇錫　簡雲南迤東道　秋七月大疫　二十八日陳貴蓀妻汪氏一産三男　徐會灃署光祿寺卿陞詹事府少詹事　九月大雷雨雹

辛卯十七年春夏疫

詔通判王承繼之母五品命婦王李氏建坊給樂善好施字樣（助振捐千金）　三月十五日夜隕霜傷麥（至四月十六日雨麥復穎獲大熟）　徐會灃陞詹事府詹事　夏四月臧濟臣補翰

林院侍講　五月大風拔木　乙亥夜星隕北方　秋
霪雨　七月流火出地有聲散若疏星少頃合為一光
如日　冬十一月白虹見北方　修縣志
壬辰十八年

（清）周來郃纂修

【乾隆】昌邑縣志

清乾隆七年（1742）刻本

祥異

五行之精各有所屬其發爲吉凶怪變每附人事之得失而各以類見至術家者流因備著其事應其或不應乃陰陽剛柔之不齊不可臆論

必迭遞遷就影響其說則謬矣春秋災祥必書蓋欲君子觀其譴告則知戒德慎行焉至符瑞嘉徵之見亦皆願承而孜孜不怠若必著其事應則偶有不應者將幾幸而不懼非君子之用心也一都一邑之祥妖所關甚微其於戒懼願承一也故謹列其成迹而闕其徵應庶合春秋之意云

漢

質帝本初元年五月海水溢北海溺殺人物

靈帝熹平二年六月東萊北海水溢出漂沒人物　光和六年冬大寒北海東萊井中冰厚尺餘

南宋

武帝永初二年二月赤烏見北海都昌

孝武帝孝建三年五月木連理生北海都昌

大明三年九月乙亥嘉禾生北海都昌

明帝泰始三年五月乙卯白麞見北海都昌

元

順帝至正七年二月昌邑地震

明

成化八年大饑人相食

治五年大旱

正德三年大饑

嘉靖十六年七月霪雨濰水潰溢決入城壞民廬舍無算 十七年大饑民食草子多道殣

二十七年紫芝產新營李家園 四十三年大蝗

隆慶二年麥兩岐有年　三年七月灘決漂沒
禾舍有蝗民大饑
萬曆五年九月彗星見西方長甚三閱月乃滅
十一年冬十二月雷　十二年二月地大
震七月灘決　十六年六月地震　二十一
年四月大寒有凍死者秋大雨水傷禾八月
雨雹是年大饑　二十三年春大饑人相食
夏大疫九月天鼓鳴　二十五年八月地震
越三日又震　二十八年四月大風拔禾[illegible]

死有巨石移於他所　三十八年六月初四
日濰決漂沒田禾壞城垣　四十一年七月
海溢漂没人物田傷潟鹵　四十三年蝗旱
來春大饑人相食婦女南販　四十五年大
蝗捕納三百石準充州生　四十六年八月
彗星見東南長甚三閱月乃滅
天啟元年十月地震
崇禎三年蝗　七年七月初五日濰決潁東門
十二年冬十月大雷　十四年正月二十二

日日四環交映有黑氣出日中　十六年三

月朔柳疃雨血

大清

順治七年七月二十五日夜濰決漂没田禾頽

東門　九年五月二十三日濰決漂麥　十

六年七月十二日夜濰水大決灌城頽城垣

十四所土培南東二門關郷廬舍漂没秋禾

一空越十日大水復至訛言城欲陷没人心

惶惑久之乃定　十八年三月蝗生白塔瓦

城有鳥數萬啄食之秋大有年

康熙七年六月十七日戌時地大震聲如殷雷城郭屋宇崩圮死傷甚衆城外地裂泉湧出黄黑沙月色爲昏十八日又震七月十七日八月十八日屢震 十一年七月飛蝗爲災冬饑 十三年春蝗旱 十六年七月十五日濰決壞城垣九所漂没禾舍二十六日水復至頹東門 十七年七月大雨膠濰二水交漲闘 三十年六月蝗秋蝗又生來春饑

有流民　三十五年夏秋淫雨傷禾冬饑
三十八年三月初七日城隍廟災　四十二
年淫雨害稼　四十三年春大饑子女鬻販
人相食白骨枕藉大疫　四十五年大有年
四十八年蝗　五十五年縣衙災　五十
八年七月濰水東徙
雍正二年蝗　五年十月初三日海大溢溺殺
人物田傷爲鹵　六年秋大有年禾多雙穗
八年六月大雨水二十五日夜濰水大決

浸城堞者三版土墻南東二門二十八日水
愈盛頹東門堤城垣四所民讙或夜奔十字
街久之乃定村舍漂淪民爭適高阜或梯木
上不食者三日夜汎壓田數十頃來春饑

附兵變

正德六年流賊劉六等寇昌邑知縣劉堅棄城
走

崇禎三年登撫孫元化遣孔有德等援陵河至
吳橋叛回戈東指十二月十二日過昌邑攻

陷登州四年二月圍萊肆殘暴八月十七日

總兵靳國臣等統關寧兵會勦戰沙河大敗

之萊圍解追至登圍之賊殺人爲糧徹屋棟

作筏夜啟水門航海去

十五年十二月

大清兵圍昌邑十六日城破

十七年李自成僭號永昌土寇大起五月十三

日城陷劫掠無遺僞令曹餐兼逃出自縊土人

王嘉忠翟從講李好賢等各爲雄長八月

大清定鼎好賢歸命佗平諸孽四境以寧

順治三年三月十五日劉大捷等乘夜入城殺

縣尹魏名大叔庫藏肆剽掠至辰巳時而去

（清）陳嘉楷修　（清）韓天衢纂

【光緒】昌邑縣續志

清光緒三十三年（1907）刻本

祥異

乾隆十六年海水漫溢沿海地畝鹻廢

四十五年濰決坍没沙壓地畝

五十一年大饑

六十年春大旱秋有蟲災

嘉慶元年濰決小營口

十年夏蝗食禾至盡

十五年正月十六日紅風大作掩日無光三月十

二日申刻黑風自西北起迷失人逾時方明秋大

水

十六年春大旱秋潦八月彗星見西北

十七年春大饑大疫道殣相望薥秫每斗四千餘

文秋濰決小營口被害甚劇

十八年秋小營隄決

二十四年三月霜降麥不爲災十二月大雨雪天

温濰水溢

道光元年六月濰決小營口天寒八月大疫病吐瀉

人多死

八年麥秀雙歧邑令周維新歌詩勒石儀門右壁
九年十月二十三日寅刻地震次日申刻又震
十三年十月二十五日大雪連綿至年底
十五年春大旱夏淫雨有蟲災田禾食盡
十六年大饑大疫
十七年春旱蝗五月二十日雷雹大風壞廬舍無
算
二十一年正月二十六日大風雪人多迷死
二十三年二月彗星見西南長甚月餘乃滅

二十六年五月二十日申刻大雷電暴風拔蟲埠石坊掀吳家辛莊樓房

二十七年十月十三日雷電雨雹

咸豐元年五月二十三日大雨雹

四年麥秀三歧邑令鄭之鐘歌詩勒石儀門左壁

九年春大旱自去年八月不雨至五月十八日小雨是年饑

同治元年二月二十六日酉刻黑風起中有火光一夜始息六月蝗災天寒八月大疫

二年夏雨土三日

三年五月大雨雹

四年春石埠地生毛長尺餘蒼白色

光緒元年秋七月狂風五日折損田禾

二年春大旱五月二十三日得雨種晚禾秋黍稷豐收

五年二月海大潮沿海地畝鹻廢清明後雨雪半尺掩麥苗後不爲災

七年閏七月濰大水隄皆決漂沒田舍府憲福率

邑令捐廉撫卹

八年八月彗星見東方四十餘日始滅

十四年五月初四日地震東城門樓脊塌陷秋大
水歉收

十五年春饑秋淫雨

十六年五月濰決泛溢秋歉收

十七年三月霜凍麥苗忽旁莖挺生有雙歧三歧
之瑞邑令白書林勒石城隍廟

十八年六月飛蝗過境十月海水漫溢沿海壞廬

舍田成卤

二十二年十二月雨雪交加天温滩涨

三十三年四月王耩雨雹损麦

【乾隆】濰縣志

（清）張耀璧修　（清）王誦芬纂

清乾隆二十五年（1760）刻本

雜稽志

祥異

春秋書災不書瑞示儆也志則並書紀事也蓋易言餘慶餘殃書言庶徵休咎天道人事感召甚微自伏勝作五行傳班孟堅而下踵其說附以各代證應爲五行志牽鑿附會宜爲貴與譏之也蓋物之反常即爲異其祥則爲鳳凰麒麟甘露醴泉慶雲芝草其妖則水湧地震豕禍魚孽祥則未見其吉妖則必戒其凶雜雖方隅一區而天行之所示

實有關於民命者爰筆而書之

漢

高帝三年十一月癸卯晦日食在虛三度

宣帝四年五月鳳凰集北海淳于

成帝元年春北海出大魚長六丈高一丈四尺餘凡

六

章帝元年北海得一角獸

五年正月庚辰日食在虛八度

光和元年冬大寒井水冰厚尺餘

晉

永寧元年十月青蟲食麥苗　海水溢

南宋

永初二年二月赤烏六見

泰始三年五月己卯白鹿見

宋

太平興國五年七月虸蚄蟲食稼

咸平四年芝草生如佛狀

元祐七年夏蠶自織成絹如領帶

元

至元五年饑

七年地震　海水溢

明

成化八年大饑人相食

正德七年夏民間訛言黑眚見遠近擊響器喧徹者

徹夜三年大饑

嘉靖十二年飛蝗爲災食禾稼殆盡

隆慶三年七月十二日大雨水淹城郭民舍渰沒人

害禾稼

萬歷五年九月慧星見西方光射斗牛之間閱月餘

方滅

十一年冬十二月雷

十二年二月地震　九月海水溢漂没人物

十六年六月地震

十八年太白星晝見

二十一年夏四月大寒民有凍斃者　六月大風

拔木　八月大雨水傷禾稼大饑

二十三年大饑夏又大疫

二十五年八月地震越三日又震

二十八年四月十五日雨雹大如鵞卵

四十三年大饑人相食婦女南販以萬計

四十六年八月彗星見東南

崇禎九年十一月二十日夜戌刻鷄聲亂於塒夜半

風雷大作

十三年十月初五日夜雷電忽作

國朝

順治十六年五月初五日長庚入尾

康熙六年慧星起翼軫逆行自張宿而西歷十二次

六月太白經天

七年四月大風海潮溢四十餘里　六月十七日地大震有聲自西北而東南如雷如鼓陰氣慘黑壞房屋五千餘間壓斃四百七十口自狠洞近堤處平地開裂尺丈不等湧出黑白泥沙井水上溢六月十八日又震七月十七日又震八月十三日又震

九年冬大雪奇寒至明年春菓樹凍枯殆盡

十一年五月地震八月十五日又震

十二年六月蝗

二十二年秋大有斗穀三十餘錢

三十年蝗損禾稼

四十二年秋霖雨害稼

四十三年旱大饑疫

四十四年夏四月雨雹傷麥

四十六年四月十八日霜殺麥越八日麥忽由根發

生又十日秀穎如初大穫

四十七年周冢社王氏牛産麟

五十八年秋大水

六十一年六月二十九日午後黑風霧如烟

雍正四年六月十九日風雨暴作壞民房

八年六月霖雨大水

十年歲稔斗穀四十餘錢

乾隆元年城墻芝草生

三年自正月至五月無雨

十年七月十九日海潮溢名爲海笑

十二年饑

十六年三月十五日海水溢　四月十九日雨丹

二十一年五月二十四日霖雨

常之英修　劉祖幹纂

【民國】濰縣志稿

民國三十年(1941)鉛印本

通紀一

自宋以來史家記述分爲三體編年實爲之經方志作者多師其意如明馬文煒之志安邱淸法坤宏之紀膠州皆爲學者所稱許然不若汪中之廣陵通典攝記事實使讀者手一編而上下數千年興亡盛衰之跡忠孝節義之人瞭若指掌今效焉法二家之意亦爲編年庶地方人士考求往跡較得提綱挈領之便至禨祥符瑞半出貢諛日食交差曆有定時概從略焉其不同於汪氏者則與地別爲專篇

【唐】帝堯七十五年司空禹治河濰淄其道竹書禹貢

八十七年初建青州竹書

【夏】帝相逕於商邱依同姓諸侯斟鄩有窮后羿代夏羿不修民事而相寒浞浞伯明氏之讒子妘姓夷也伯明氏以讒棄之而羿以爲相帝相八穀浞殺羿代夏爲帝使

子澆居過（今掖縣）二十載滅戈（今河南太康）使子豷居之二十六載復使其子澆滅斟灌二十七載澆伐斟鄩大戰於濰覆其舟滅之二十八載浞使其子澆弒帝甲辰夏遺臣伯靡自鬲帥斟鄩斟灌之師以伐浞少康使汝艾伐戈殺澆伯子杼帥師滅過伯靡殺浞（竹書漢書杞紀繹史）

帝杼八載帝征於東海及三壽（三壽即平壽）得一狐九尾（竹書）

商成湯初祀置營州（爾雅）

周武王已平商而王天下滅斟鄩封師尚父於營丘東就國道宿行遲逆旅之人曰吾聞時難得而易失客寢甚安殆非就國者也太公聞之夜衣而行黎明至國萊侯來伐與之爭營丘營丘邊萊萊人夷也會紂之亂而周初定未能集遠方是以與太公爭國太公至國辟草萊而居爲地薄人少因其俗簡其禮通商工之業便漁鹽之利而人民多歸齊齊爲大國（竹書史記鹽鐵論）

成王三年滅薄姑四年滅奄遷其君於薄姑以益齊封命太公得專征伐十三年王會齊侯魯侯伐戎夷王三年王致諸侯烹齊哀公於鼎而立其弟靜是爲胡公徙都薄姑哀公同母小弟山怨胡公乃與其黨率營邱人襲攻殺胡公而自立是爲獻公徙都臨淄 竹書史記

靈王十七年齊師伐魯北鄙晉侯率諸侯之師同圍臨淄東侵及濰南及沂 通鑑綱目前編 左傳

秦始皇二十六年滅齊 史記

漢高帝元年乙未屬齊國臨淄郡 漢書補注 項羽徙齊王田市爲膠東王齊將田都爲齊王田安爲濟北王田榮怨羽獨不王己逐都殺市及安自立爲齊王羽怒擊榮殺之復立齊王假遂北至北海所過殘滅齊民相叛之榮弟橫收散卒立榮子廣爲齊王距楚於城陽羽聞漢入彭城引兵去橫遂擊走假復取三齊之地三年丁酉漢將韓

信襲破臨淄楚遣龍且救齊信與曹參擊龍且軍於上假密大破之東追之高密斬龍且遂平齊史記漢書

按上假密高密二地名均見史記漢書非一地也高密在濰水東曹參傳不言渡濰水則其在水西明甚王先謙以爲假高雙聲有下密縣故此稱上假密但漢人對於地名一例如關中有平陵故濟南稱東平陵高密之高即對下密之下而言何用再加上字以爲區別且高密一地著名已久史漢又何必改高爲假文穎漢書注曰或以爲高密即不敢定其必是王氏以爲必然亦恐失當水經注桑犢亭故高密郡治世謂之故郡城竟即上假密也漢兵東下高密先至於此故加上字以別之今濰縣東境有蝦蟆屯莊去故桑犢極近或書作下密屯則是蝦字當爲假字之訛今書古無麻蝠則蝦蟆音當是密字之音轉又浮于在今安邱東北自濰視之適當去漢高密遐遠即古杞國治漢高密在今高密縣治之西南田莊井今高密治今濰縣東境又有將軍埠等遺跡並傳云保漢韓信攻杞城軍壘當時大戰必在於此與曹參傳頗相合雖未敢定上假密今實爲何地然非高密可以斷言

四年戊戌屬齊國史記

五年己亥屬楚國漢書補注

六年庚子復屬齊國漢書補注

文帝元年壬戌齊地震山崩大水潰出漢書

十六年丁丑置菑川國漢書

景帝三年丁亥春正月吳楚等六國舉兵反菑川王賢應之與膠東膠西兵共圍臨淄兵敗伏誅漢書

四年戊子以濟北王志徙封菑川漢書

中二年癸巳分置北海郡以平壽桑犢樂都等縣屬之漢書

武帝元封五年乙亥置青州北海郡屬之漢書

宣帝本始四年辛亥夏四月壬寅北海琅邪地震壞宗廟城郭殺人六千餘漢書五行志

元帝初元元年癸酉夏五月渤海水大溢六月關東大饑十一郡國饑疫尤甚山東通志

二年甲戌齊地人相食漢書地再動北海水溢流殺人民漢書本紀

建昭二年甲申冬十一月齊地震大雨雪漢書

成帝永始元年乙巳春北海出大魚長六丈高一丈四枚萊州府志

平帝元始二年壬戌夏大旱蝗青州尤甚民流亡漢書

新莽始建國元年己巳更營陵爲北海亭樂都爲拔壟漢書

漢淮陽王更始二年甲申梁王劉永自以更始所立貪張步兵彊承制拜步輔漢大將軍忠節侯督靑徐二州使征不從命者步字文公琅邪不其人漢兵之起步亦聚衆數千轉攻傍縣下數城自爲五威將軍遂據本郡至是步亦貪其爵號遂受之乃理兵於劇遣將徇北海諸郡皆下之拓地寖廣兵甲日盛後漢書

東漢光武帝建武三年丁亥遣光祿大夫伏隆持節使齊拜張步爲東萊太守劉永聞隆至劇乃馳遣立步爲齊王步即殺隆而受永命步自此據郡十二五年己丑步聞帝將攻之以其將費邑爲濟南王屯歷下冬建威大將軍耿弇破斬費邑進拔臨淄步以弇兵少遠客可一舉而取乃與其弟藍弘壽及故大彤渠帥重異等兵號二

十萬攻弇於臨淄中伏弇縱擊追至鉅昧水上今瀰河八九十里僵尸相屬收得輜重二千餘兩步還劇兄弟各分兵散去弇因復追步步奔平壽乃肉袒負斧鑕於軍門弇傳步詣行在所而勒兵入據其城樹十二郡旗鼓令步兵各以郡人詣旗下衆尚十餘萬輜重七千餘兩皆罷遣歸鄉里齊地悉平振旅還京師後漢書

二十二年丙午青州蝗同上

二十八年壬子改北海郡爲北海國同上

章帝建初二年丁丑北海得一角獸大如麢萊州府志

和帝永元四年壬辰夏四月青州蝗後漢書東觀記

安帝永初三年己酉秋七月海賊張伯路等三千餘人冠赤幘服絳衣自稱將軍寇濱海九郡殺二千石令長遣侍御史龐雄督州郡兵擊之伯路等乞降尋復屯聚明年伯路復與平原劉文河等三百餘人稱使者攻厭次城殺長吏轉入高唐燒官司

出繫囚渠帥皆稱將軍共朝謁伯路伯路冠五梁冠佩印綬黨衆浸盛乃遣御史中丞王宗持節發幽冀諸郡兵合數萬人徵雄爲青州刺史與王宗并力討之連戰破賊斬首溺死者數百人餘皆奔走收器械財物甚衆會赦詔到賊猶以軍甲未解不敢歸降於是王宗召刺史太守共議皆以爲當遂擊之雄曰不然兵凶器戰危事勇不可恃勝不可必賊若乘船浮海深入遠島攻之未易也及有赦令可且罷兵以慰誘其心勢必解散然後圖之可不戰而定也宗善其言卽罷兵賊聞大喜乃還所略人而東萊郡兵獨未解甲賊復驚恐遁走遼東止海島上五年辛亥春乏食復抄東萊間雄率郡兵擊破之賊逃還遼東遼東人李久等共斬平之於是州界清靜 後漢書

質帝本初元年丙戌海水溢北海溺殺人物 後漢續志

靈帝熹平二年癸丑夏六月北海水溢出淹沒人物 後漢續志

光和六年癸亥冬大寒北海井中冰厚尺餘 後漢續志

獻帝初平元年庚午賊張饒來寇北海相孔融爲其所敗退保朱虛賊退更置城邑立學校顯儒術薦舉賢良（後漢書）

二年辛未黃巾復來侵融出屯都昌爲賊管亥所圍平原相劉備以兵三千救之賊乃散走（三國志云初平三年青州黃巾衆百萬人入兗州又通鑑目錄云初平二年劉備爲平原相故列於是年）

建安元年丙子袁譚來攻自春至夏北海城夜陷孔融奔東山（時北海治劇東山今濰西孤山一帶也後漢書）

三年戊寅分北海置城陽郡淳于營陵並屬城陽（三國志）

四年己卯曹操使臧霸破北海（三國志）

十一年丙戌秋八月曹操東征海賊至淳于（淳于在安邱其轄境有今濰縣東南鄉地三國志）北海國復降爲郡（後漢書補表）

魏明帝太和六年壬子改北海郡爲北海國（三國疆域志）

晉武帝泰始四年戊子秋九月青州大水次年又大水 晉書

咸寧元年乙未秋九月青州螟 上同

三年丁酉冬十月青州大水 上同

太康六年乙巳春三月青州大旱 上同

惠帝永寧元年辛酉青州旱自夏及秋冬十月北海青蟲食禾葉甚者十傷五六 晉書

懷帝永嘉元年丁卯春二月東萊王彌反寇青州 晉書

二年戊辰春三月王彌復寇青州所過攻陷郡縣 上同

四年庚午冬十二月征東大將軍苟晞擊王彌長史曹嶷於青州破之 上同

五年辛未春正月曹嶷破苟晞遂盡陷齊魯間郡縣 上同

肅宗明皇帝太寧元年癸未石虎陷青州 上同

趙石虎建武二年丙申 晉成帝咸康二年 冬十一月索頭郁鞠帥衆降於趙趙散其衆於冀

青等州山東新通志

四年戊戌晉成康四年夏五月趙遣渡遼將軍曹伏將青州之衆戍海島山東新通志

魏冉閔永興元年庚戌晉穆帝永和六年秋七月段龕引兵據廣固自稱齊王山東新通志

晉穆帝永和七年辛亥春段龕以州內附晉書

十二年丙辰燕攻段龕龕敗降燕同上

秦苻堅建元六年庚午晉帝奕太和五年徙陳留東阿萬戶以實青州諸流移遠徙願還舊業者悉聽之前秦錄

晉孝武帝太元九年甲申冬十月秦青州刺史苻朗以州內附遂置幽州以別駕辟閭渾爲刺史十六國春秋晉書

十七年壬辰夏四月齊國內史蔣喆據青州反平原太守辟閭渾討平之同上

安帝隆安三年己亥秋八月燕慕容德陷廣固殺辟閭渾遂入都之地入燕同上

義熙六年庚戌春二月劉裕執燕主超送建康斬之晉書

宋文帝元嘉十七年庚辰徐兗青豫四州大水遣使賑卹魏書宋書

三十年癸巳青州饑宋書

明帝泰始二年丙午江州刺史晉安王子勛舉兵尋陽遂稱帝徐州刺史薛安都皆舉兵應之青州刺史沈文秀應安都其將劉彌之不從彌之族人北海太守懷恭從子善明皆舉兵應彌之安都遣其從子直閣將軍索兒引兵擊之彌之敗走保北海文秀遣軍主解彥士攻北海拔之殺彌之彌之從子乘民伯宗合帥鄉兵復取北海因引兵向東陽文秀拒之伯宗戰敗被創弟天愛扶持將去伯宗曰丈夫當死戰場以身殉國安能歸死兒女手中乎弟可速去無爲兩亡乃見殺追贈龍驤將軍長廣太守夏四月以散騎侍郎明僧紹爲刺史討之宋書南史

按宋州郡志北海屬青州首縣曰都昌又云寄治州下然以彌之敗走保北海乘民伯宗復北海引兵向東陽然亦推之其時太守必不寄治州下再以彌之

本平原劉氏自稍遷居都昌乘民等合鄉兵戍北海二郡觀之則都昌爲北海郡治無疑都昌雖爲漢之舊縣名但劉氏聚族則在今昌樂之都昌集絕非漢治之在今昌邑者

三年丁未春二月沈文秀以青州降去歲明僧紹受詔討沈文秀會東莞東安二郡兵伐文秀數不利秋八月尋陽平帝詔降文秀復以爲刺史是年秋魏平東將軍長孫陵等帥師攻青州 宋書

四年戊申魏圍青州積久所遣救兵並不敢進乃以文秀弟征北將軍文靜爲輔國將軍統北海等五郡海道救青州至不其爲敵所斷遏不得進因保城自守城破死之 同上

魏獻文帝皇興三年己酉 宋明帝泰始五年 春正月乙丑東陽城陷魏執刺史沈文秀去地入於魏 魏書

按縣地自永嘉五年後非復晉有至是百五十九年中閒歸屬晉者二十五年屬宋者五十年自是不復南屬

孝文帝承明元年丙辰 宋蒼梧王元徽四年 夏四月辛酉青兗諸州大雨雹 同上

太和六年壬戌 齊高帝建元四年 秋七月青兗二州大水虸蚄害稼 同上

九年乙丑 齊武帝永明三年 夏四月隕霜 同上

二十三年己卯 齊東昏侯永元元年 青齊等八州大水 同上

孝明帝景明元年庚辰 齊永元二年 夏五月青齊六州虸蚄害稼六月青州大雨雹殺獸

鹿秋七月青齊諸州大水平隰一丈五尺民居全者十四五 同上

二年辛巳 齊和帝中興元年 春三月青齊徐兗四州大饑 同上

正始二年乙酉 梁武帝天監四年 春三月青徐二州大雨霖 同上

四年丁亥 梁天監六年 夏四月青州步屈蟲害棗花 同上

永平元年戊子 梁天監七年 秋九月青州地震有聲 同上

三年庚寅 梁天監九年 青州地震 同上

延昌元年壬辰梁天監十一年夏五月青州步屈蟲害棗花同上

按魏書作永平五年然四月乙酉已改延昌今更正之

二年癸巳梁天監十二年夏六月青州饑詔使者開倉賑卹同上

三年甲午梁天監十三年夏四月青州饑開倉賑卹同上

孝莊帝建義元年戊申梁大通二年夏六月前幽州平北府主簿河間邢杲帥河北流民十萬餘戶反於北海自稱漢王改元天統戊申以征東將軍李叔仁爲車騎大將軍儀同三司帥師討之秋九月改號永安冬十月使征虜將軍韓子熙詔諭邢杲杲詐降而復反李叔仁擊杲於惟水胡三省云惟水當作濰水失利而還十二月詔行臺于暉回師討邢杲次於歷下魏書通鑑

二年己酉梁中大通元年春正月甲寅于暉所部都督彭樂帥二千餘騎叛奔韓樓暉不敢復進軍引還三月壬戌詔上黨王天穆討邢杲以費穆爲前鋒大都督夏四月天穆

將擊杲以北海王顥方入寇集文武議之衆皆曰杲衆彊盛宜以爲先行臺尚書薛琡曰邢杲衆雖多鼠竊狗偷非有遠志顥帝室近親來稱義舉其勢難測宜先去之天穆以諸將多欲擊杲又朝廷以顥爲孤弱不足慮命天穆等先定齊地還師擊顥遂引兵東出辛丑天穆及爾朱兆破邢杲於齊州之濟南杲降送京師斬於都市魏書通鑑

節閔帝普泰元年辛亥梁中大通三年春二月鎭遠將軍淸河崔祖螭聚青州七郡之衆圍東陽夏五月爾朱仲遠使都督魏儁勗討祖螭於東陽斬之魏書通鑑

孝武帝永熙二年癸丑梁中大通五年夏四月青州民耿翔聚衆寇掠襲殺膠州刺史據地降梁六月以驃騎將軍尚書右僕射樊子鵠爲青膠大使督濟州刺史蔡儁討之秋七月翔棄城奔梁魏書通鑑

東魏孝靜帝元象元年戊午梁大同四年夏山東大水蝦蟆鳴於樹北史

北齊文宣帝天保三年壬申（梁元帝承聖元年）春正月丙申帝親討庫莫奚於代郡大破之以其口配山東爲百姓（同上）

七年丙子（梁敬帝太平元年）秋七月發山東寡婦二千六百人配軍士有夫而濫奪者十二三冬十一月壬子併省州三郡一百五十三縣五百八十九鎮三戍二十六（同上）

按省平壽縣即在是年

八年丁丑（梁太平二年）自夏至秋九月河北六州河南十三州大蝗（同上）

九年戊寅（陳武帝永定二年）夏山東大蝗差人夫捕而坑之（同上）

廢帝乾明元年庚辰（陳文帝天嘉元年）夏四月光靑等九州因螽水頗傷時稼遣使分塗贍恤（北齊書）

武成帝河清三年甲申（陳天嘉五年）山東大水飢死者不可勝計詔發賑給事竟不行（同上）

後主天統三年丁亥（陳臨海王光大元年）秋山東大水人飢僵尸滿道（同上）

武平四年癸巳（陳宣帝太建五年）饑（參昌樂志）

六年乙未（陳太建七年）秋八月大水（同上）

幼主承光元年卽周武帝建德六年丁酉（陳太建九年）春正月幼主走靑州爲周所執齊亡三月壬午周詔山東諸州各舉士秋七月丙戌周武帝行幸洛州己丑詔山東諸州舉有才望者赴行在所共論政事得失（北史）

靜帝大象元年己亥（陳太建十一年）春二月發山東諸州兵增一月功爲四十五日役起洛陽宮常役四萬人以迄晏駕夏六月徵山東諸州人修長城（同上）

隋文帝開皇二年壬寅（陳太建十四年）冬十一月罷高陽郡爲下密縣屬靑州州移治東陽城（隋書參叅郡圖志）

七年丁未（陳後主禎明元年）制諸州歲貢三人（隋書）

十年庚戌夏五月詔山東河南軍人悉屬州縣（通鑑）

十六年丙辰於廢高陽郡置濰州改下密曰北海隋書
二十年庚申冬十一月天下地震上同
煬帝大業二年丙寅夏六月始建進士科改下密縣爲北海縣上同
三年丁卯夏四月改青州爲北海郡北海縣隸焉隋書參益都圖志
五年己巳饑參昌樂志
七年辛未秋山東河南大水漂沒三十餘郡隋書
八年壬申春三月山東大旱疫上同
九年癸酉時所在盜起各聚衆攻剽多者十餘萬少者數萬人山東苦之天下承平日久人不習戰郡縣吏每與賊戰望風沮敗唯齊郡丞閿鄉張須陀得士衆心勇決善戰三月庚子北海郭方預等攻陷北海大掠而去須陀謂官屬曰賊恃其彊謂我不能救吾今速行破之必矣乃簡精兵倍道進擊賊果無備大破之斬數萬級前後

獲賊輜重三千兩歷城羅士信年始十四短而悍以執衣固請自効須陀少之曰汝形容未勝衣甲何可入陣士信怒被重甲左右鞬上馬顧眄須陀壯而從之擊賊濰水上陣纔列士信馳至賊所刺倒數人斬一人首擲於空中用槍承之戴以略陣賊衆愕然無敢抗須陀因而奮擊賊衆大潰士信逐北每殺一賊輒劓鼻納諸懷既還驗以代級須陀甚加歎賞賜以所乘馬司隸刺史斐操之上狀煬帝遣使慰諭之又令畫工寫須陀士信戰陣之圖上于內史凡戰須陀先登士信副以爲常 隋書舊唐書唐書通鑑

十三年丁丑賊將楊厚囤北海縣帝遣戶曹郎郭子賤討破之 隋書

按隋書楊厚囤北海縣未言何年故列於是年

唐高祖武德二年己卯春三月隋北海通守鄭虔符以其地降詔以爲青州總管夏四月綦公順降以爲濰州總管秋九月夏王竇建德定齊兗等州 通鑑

按濰本作淮從胡三省說更正

四年辛巳秋九月齊州總管王薄說青萊密諸州皆下之唐書

五年壬午春正月劉黑闥自稱漢東王都濟州山東州縣所在多殺長吏以應之冬十二月黑闥敗死山東平舊唐書

八年乙酉廢濰州唐書

九年丙戌秋七月遣魏徵宣慰山東通鑑綱目

太宗貞觀元年丁亥分天下爲十道縣隸河南道青州夏六月旱冬十二月青州有男子謀逆州縣逮捕支黨收繫滿獄詔殿中侍御史崔仁師按覆仁師至止坐首魁十餘人餘皆釋之及敕使覆訊諸囚咸叩頭曰崔公仁恕事無枉濫請伏罪無異辭舊唐書唐書益都圖志

二年戊子蝗參昌樂志秋八月河南河北大霜人飢舊唐書

三年己丑大水參昌樂志

四年庚寅大有年同上

七年癸巳秋八月山東河南州四十大水唐書

按舊唐書太宗本紀州四十作三十州此從唐書五行志

八年甲午秋七月山東河南淮南大水遣使賑恤舊唐書

九年乙未秋關東諸州旱唐書

高宗總章元年戊辰山東大旱同上

上元三年丙子秋八月青州大風海溢漂居人五千餘家同上

儀鳳二年丁丑夏河南旱同上

永隆元年庚辰秋九月河南大水溺死者甚衆同上

二年辛巳秋八月河南河北大水壞民居十萬餘戶同上

永淳元年壬午秋山東大雨水大饑上同

二年癸未夏河南旱未幾大水上同

按是年十二月改元弘道

武后垂拱三年丁亥天下饑上同

神功元年丁酉河南州十九水上同

大足元年辛丑冬十月改元長安春河南諸州饑是時北海令竇琰穿渠引白浪水溉田上同

按唐書地理志云長安中昌樂志列於是年今從之

中宗神龍二年丙午夏五月河南旱饑上同

景龍元年丁未夏自京師至山東河北疫死者千數上同

玄宗開元三年乙卯河南水秋七月河南河北蝗上同

四年丙辰山東蝗食稼聲如風雨同上

五年丁巳河南水害稼同上

十四年丙寅淄青隕霜殺惡草及荆棘而不害嘉穀秋天下州五十水河南河北尤甚河及支川皆溢同上

十五年丁卯秋天下州六十九大水害稼及居廬舍同上

十六年戊辰河南旱同上

二十三年乙亥秋河南水害稼同上

二十八年庚辰冬十月河南郡十三水同上

二十九年辛巳河南河北郡二十四水害稼同上

天寶六載丁亥敕改鐵山爲蘼靡山太平寰字記

按唐書天寶五載敕天下山水名稱或同穢且不雅多因於里諺宜令所司各據圖籍改定寰字記云山在縣南五十八里古老相傳其山常出鐵靡鐵本紀

鐵山云鐵山今劃歸昌樂在豐山西

肅宗至德元載丙申北海太守賀蘭進明起兵渡河與平原太守顔眞卿合討安祿山冬十月祿山將尹子奇渡河至北海欲取江淮回紇掠范陽子奇遽歸留能元皓據之僞署靑齊節度使通鑑

三載戊戌春正月能元皓降同上

寶應元年壬寅侯希逸自靑州渡河與諸軍合討平史朝義詔以希逸爲平盧淄靑等六州節度使初希逸授平盧節度使與賊确戰數有功然孤軍無援又爲奚侵掠乃拔其軍二萬浮海入靑州據之平盧遂陷由是靑州節度有平盧之號通鑑唐書

代宗廣德二年甲辰河南諸州水唐書

永泰元年乙巳李正己逐淄靑帥侯希逸而代之通鑑目錄

大曆二年丁未秋河南諸州水災唐書

德宗建中三年壬戌廢平盧節度使秋七月以淮寧節度使李希烈兼平盧淄青兗鄆登萊齊州節度討李納納正己子冬納自稱齊王希烈軍次許州不進旋自稱天下都元帥故平盧終爲納據至興元初乃謝罪歸命復置平盧節度使同上

興元元年甲子秋螟蝗自山西東際於海晦天蔽野草木葉皆盡冬閏十月詔宋亳淄青恆冀魏博等八節度螟蝗爲害烝民饑饉每節度賜米五萬石唐書通鑑

貞元元年乙丑春大饑東都河南河北斗米千錢死者相枕夏蝗東自海西盡河隴羣飛蔽天旬日不息所至草木葉及畜毛靡有遺餓饉枕道民蒸蝗曝颺去翅足而食之唐書

二年丙寅冬十月詔河南道秋夏兩稅青苗等錢悉折粟麥兼加估收糴以便民通鑑

八年壬申秋八月乙丑以天下水災分命朝臣宣撫賑貸河南河北山南江淮凡四十餘州大水漂溺死者二萬人冬十二月庚寅詔賜遭水縣乏絕戶米三十萬石唐書

書

憲宗元和十二年丁酉夏六月河南大水雨雹中人有死者 唐書

十三年戊戌秋詔削李師道官爵命宣武魏博義成義寧橫海五鎮討之 同上

按師道納子

十四年己亥淄青都知兵馬使劉悟殺李師道於鄆州命楊於陵宣撫淄青河南北三十餘州盡平分淄青爲三道鄆曹濮爲一道淄青齊登萊爲一道兗海沂密爲一道 通鑑 夏四月淄青隕霜殺惡草而不害嘉穀 唐書

文宗太和二年戊申夏青齊等州大水 唐書

六年壬子秋九月河南旱 唐書 是月初定淄青登萊棣等五州稅額 唐書

九年乙卯秋河南旱 唐書

開成元年丙辰夏青滄諸州蝗 唐書

二年丁巳夏六月青州蝗秋河南雨雹害稼同上

三年戊午春詔去秋蝗蟲處放逋賦仍以本處常平倉振貸是歲河南等蝗草木葉皆盡同上

四年己未秋淄青大雨水害稼及民廬舍同上

五年庚申夏淄青等螟蝗害稼同上

懿宗咸通二年辛巳秋河南不雨至於明年同上

三年壬午夏六月河南蝗饑同上

七年丙戌夏河南大水害稼同上

僖宗中和二年壬寅平盧大將王敬武逐節度使安師儒自稱留後通鑑

天復三年癸亥春正月朱全忠攻平盧節度使王師範不克未幾王兵敗降同上

後唐明宗天成元年丙戌春三月平盧節度使苻習將本軍攻鄴都聞莊宗軍潰不

敢進引兵歸至淄州監軍使楊希望遣兵逆擊之習懼復引兵而西青州指揮使王公儼攻希望殺之因據其城宣言青人不便習之嚴急不欲習復來因自求爲節度使帝不許乃以霍彥威代習鎮平盧拜公儼登州刺史公儼不時之官託云軍情所留秋八月彥威聚兵淄州以圖攻取會詔使至青州告諭公儼懼乙未始至官丁酉彥威至青州懲其初心遣人擒之於北海縣并其族黨斬於州東支使韓光嗣預焉其子熙載奔於吳 舊五代史五代史通鑑五代史符習傳作房知溫殺王公儼誤

後晉高祖天福四年己亥山東諸郡蝗 舊五代史

八年癸卯夏四月天下諸州飛蝗害田食草木葉皆盡 上同

後漢高祖乾祐元年戊申青州蝝生 上同

宋太祖建隆三年壬戌以北海縣爲北海軍 宋史

乾德三年乙丑升北海軍爲濰州 上同

六年戊辰夏六月州府二十三大雨水同上

按是年十一月始改開寶宋史五行志作開寶元年誤又安邱昌樂志均作秋七月大水

太宗太平興國五年庚辰秋七月濰州虸蚄蟲生食稼殆盡同上

大中祥符二年己酉秋七月大水宋史祇言大水未載濰州今從昌樂縣志

仁宗慶曆四年甲申春三月詔天下州縣立學宋史

六年丙戌春二月戊寅地震安邱志作三月誤

皇祐五年癸巳春三月乙巳大風參昌樂志

神宗元豐二年己未知濰州事楊采開白狼河宋史

徽宗崇寧二年癸未蝗參昌樂安邱壽光志

三年甲申旱參安邱壽光昌樂志

按上二條不見宋史五行志明安邱志崇寧二年誤癸未爲乙酉甲申爲丙戌今從昌樂志改定之

欽宗靖康二年丁未夏四月金人以二帝北歸五月康王即位南京（今河南歸德）改元建炎金太宗吳乞買遣其弟撻懶徇地山東

高宗建炎二年戊申春正月金閤毋陷十州圍濰州知州事韓浩率衆死守癸卯金將赤盞暉督其裨校先登而城中積芻茭乘風縱火發機石暉將士衝冒而下浩力戰兵敗及僚屬百姓等死之暉後以三十騎破宋兵於范橋金軍還（按范橋即今流飯橋鎮）

三年即金太宗天會七年己酉春正月丁亥金人再陷青州又陷濰州焚城而去牛頭河土軍閻皋與小校頭張成率衆據濰皋自爲知州以成知昌樂縣未幾青州軍校趙晟據其城會直顯謨閣新知青州劉洪道自濰州之官至千乘晟出不意遂出迎洪道謂晟但交割本州民事而已軍馬則公自統之晟喜迓之而入洪道入城揭榜百姓在軍中願歸者給據放還於是晟之黨十去六七洪道以晟首亂青州賊心

難制欲殺之乃好謂晟曰萊州不遭兵火戶口富饒煩公爲守如何晟曰諾洪道密使告閤張殺晟於秬米寨因以成知萊州秋七月金人大犯山東洪道時在濰棄城遁成以城降達懶是歲山東大饑人相食嘯聚蜂起金人縱兵四掠七月劉洪道敗於密州奔淮南九月丙辰宋遣張劭等充金國軍前通問使而達懶猶搭駐濰州劭至濰州接伴使置酒張樂劭曰二帝北遷劭爲臣子亡之不恤而又聽樂所不忍也請止樂至於三四聞者泣下翌日見達懶命劭拜劭曰監軍與劭爲南北朝從者無拜禮且具書言兵不在强弱在曲直天未厭宋而金乃裂地以封劉豫且窮兵不已曲有在矣達懶怒取國書去送劭密州囚於祚山初劭之至濰州也適秦檜及其妻王氏一家奴僕在濰蓋檜自北去後金主以賜達懶任用達懶以檜爲參謀軍事尋以爲隨軍轉運使故相隨在濰劭見檜驚喜出意外卽問二帝起居檜謬自言忠節狀劭誤信之揮涕而別逾年檜自濰州從軍南侵金人縱之航海歸行在八年庚戌

達懶自濰州遣孛堇太一引兵援兀朮軍於江北濰州之蹂躪至是蓋三載矣自靖康二年至是年參考宋史金史紀事本末續通鑑無爲齋文集按牛頭河或係牛頭山之誤山在今第三區葛埠莊南

十年壬子宋紹興二年劉豫稱阜昌二年濰自兵興以後頹垣廢壖幾若邱墟居其中者常戚戚不自安是歲春僞守曹某倡修城垣月餘而工訖阜昌重修濰城記

熙宗皇統三年癸亥宋紹興十三年山東大熟金史

海陵王正隆二年丁丑宋紹興二十七年山東蝗同上

世宗大定八年戊子宋孝宗乾道四年置濰州中刺史同上

十七年丁酉宋淳熙四年春三月免山東等十路租稅同上

章宗明昌二年辛亥宋光宗紹熙二年秋山東旱饑同上

四年癸丑宋紹熙四年山東諸路大稔同上

泰和六年丙寅（宋寧宗開禧二年）山東連年旱蝗濰密等五州尤甚時國用不給山東安撫使張萬公慮民飢盜起多方籌畫又督責有司戢盜民賴以安（同上）

衛紹王大安二年庚午（宋嘉定三年）夏四月山東大旱至六月雨復不止民間斗米至千餘錢（同上）

三年辛未（宋嘉定四年）山東大旱（同上）

崇慶元年壬申（宋嘉定五年）山東諸路旱（同上）

宣宗貞祐元年癸酉（宋嘉定六年）蒙古主成吉思汗分兵三道自與皇子拖雷將中軍狥山東數千里人民殺戮殆盡金帛子女羊畜牛馬席捲而去屋廬焚毀城郭邱墟濰於是冬亦爲攻下（元史通鑑新元史）

宋寧宗嘉定十二年卽金宣宗興定三年己卯金元帥張林欲以青濰等十二州歸宋未果李全薄兵青州城下陳說國家威德勸林早附林開門納之相見甚歡結爲

兄弟遂附表奉十二州版籍以歸州土自建炎三年淪於金人至是蓋九十年全邑農家子同産兄弟三人鋭頭蠭目權譎善下人以弓馬趫捷能運鐵槍時號李鐵槍先是元兵犯山東全母及其兄死焉貞祐四年冬十二月元兵徇地壽光東涉濰州之境金將蒙古綱遣完顏合達屢與接戰全與兄福聚衆數千兵退時益都楊安兒爲金軍所殺其妹四娘子（即妙眞）狡悍善騎射軍中稱曰姑姑衆尚萬餘掠食至磨其山全以其衆附之楊氏嫁焉屢爲金兵所敗久之以兵五千依宋定遠人季先與高忠皎攻尅海州又分兵襲破莒密青三州授武翼大夫京東副總管其後屢破金兵進逹州刺史妻楊氏封令人至是還家上冢揣知張林有歸降意因有是舉（節錄宋史李全傳）

理宗寶慶二年丙戌李全執張林送楚州初嘉定十四年冬十一月林叛降蒙古蒙古以林行山東東路都元帥府事十五年冬全攻青州林出走全入青州至是執之

秋九月蒙古郡王帶孫帥兵圍青州冬十二月孛魯以軍繼之宋史元史新元史三年即蒙古太祖二十二年丁亥全在圍幾一年食牛馬幾盡軍民數十萬至是餘數千矣夏四月焚香南向再拜欲自經鄭衍德等救之全從其言乃降諸將皆曰全勢窮而降非心服不誅且爲後患孛魯曰誅一人易耳山東諸城未下者多全素得人心殺之不足立威徒失民望乃表全爲山東淮南楚州行省以其部將鄭衍德田世榮副之郡縣果望風款附分命闊闊不花屯濰沂密以備宋全承制授山東淮南行省得專制山東而歲獻金帑後移駐揚州宋聞全降殺其家屬在南者全雖有心南向終爲宋臣史彌遠等所疑以至降詔討伐然內圖戰守外仍用調停之說全恐爲所紿不敢歸但服飾器用多南方物元宣差激之全乃取誥勅朝服南向歷述生平梗概再拜慨服焚之淚如雨下未幾宋將趙葵來襲全兵敗死楊氏北歸又數年死子璮襲益都行省時太宗三年也宋史金史元史新元史

宋理宗景定三年蒙古世祖中統三年壬戌李璮時任江淮大都督春二月乙丑歸宋並獻漣海三城及山東郡縣秋七月被圍於濟南城破死之濰州城亦罹兵燹元史續通鑑重修濰州宣聖廟記

至元三年丙寅宋度宗咸淳二年廢昌樂爲鎭隸北海縣昌樂志

元蒙古於至元八年十一月改國號曰元

至元二十九年壬辰北海縣有蟲食桑葉盡無蠶元史

成宗大德二年戊戌山東諸行省屬縣蝗同上

五年辛丑濰州水同上

七年癸卯夏四月蟲食麥蝗同上

九年乙巳春三月益都屬縣隕霜殺桑新元史

十一年丁未冬十二月庚戌山東饑禁民釀酒同上

武宗至大元年戊申益都等路大饑遣山東宣慰使王佐同廉訪司賑濟爲鈔十

萬二千二百三十七錠有奇糧萬九千三百四十八石夏五月益都蝝是歲水民飢採草根樹皮以食六月詔免今歲差徭仍以本路稅課及發朱汪利津兩倉粟賑之同上

仁宗延祐六年己未夏六月益都等路大水害稼元史新元史

泰定帝泰定元年甲子益都等路三十二縣淫雨水深丈餘漂沒田廬同上

致和元年戊辰夏六月益都等路三十縣雨水害稼同上

文宗至順元年庚午秋七月益都屬州縣水同上

順帝元統二年甲戌夏四月益都水同上

至元五年己卯濰州饑乾隆志

至正六年丙戌春二月濰州北海縣地震元史

七年丁亥地震有聲康熙志

十六年丙申山東大水復置昌樂縣上同

十七年丁酉潁州劉福通遣其黨毛貴陷山東各郡縣據益都至十九年爲趙君用所殺貴黨續繼祖自遼陽入益都遂與其部自相殘殺益都圖志

十八年戊戌秋八月北海蝗元史

十九年己亥濰州蝗食禾稼草木俱盡所至蔽日礙人馬不能行塡坑塹皆盈飢民捕蝗以爲食或曝乾而積之以爲食又罄則人相食萊州府志

二十一年辛丑御史中丞察罕帖木兒討山東賊圍益都益都圖志

二十二年壬寅降賊田豐王士誠等刺殺察罕帖木兒衆推擴廓帖木兒爲總兵官復圍之冬十一月復益都田豐王士誠及餘黨皆伏誅山東悉平上同

二十七年吳王元年丁未冬十月甲子征虜大將軍徐達副將軍常遇春率師二十五萬北取中原十一月辛丑克益都元平章巴拜降遂狥濰膠諸州邑因兵威諭降

淄川樂安守將前後得府卒萬二千糧二十餘萬石徐州史料 明史

明太祖洪武元年戊申吳於是年改國號曰明春二月置山東行中書省三月戊子命中書省給榜巡按山東郡縣並令所在訪賢才凡仕元者皆予錄用明史 明通鑑秋七月詔徵天下賢才至京授以守令明通鑑立社稷山川壇參安邱志

二年己酉詔天下皆立學校明史省青州府北海縣併入濰州昌邑一縣隸焉康熙志

三年庚戌春二月戊子詔訪求賢才堪任部職者明史

五年壬子夏四月山東旱六月青萊二府蝗賑山東饑免被災郡縣田租山東通志

六年癸丑秋七月山東蝗同上

七年甲寅夏六月山東蝗同上

八年乙卯立社學建申明旌善二亭於各社參安邱志設養濟院漏澤園自是貧民生養死葬皆得其所續通考

按舊志今城北二里劉家園卽因漏澤吞近而設

九年丙辰降州爲縣改北海縣爲濰縣隸萊州府 康熙志

十三年庚申詔舉賢良方正 參安邱志 立固堤巡檢司 據石碑

十九年丙寅以濰縣改隸平度州屬萊州府 康熙志 大括田 參安邱志

按安邱志云此卽魚鱗册也大約六尺爲步二百四十步爲畝所用尺今鈔尺是也分上中下三則起科後所用尺或增或縮其弊多矣

二十年丁卯冬十二月賑登萊饑 綱目三編 增廣生員 參安邱志

二十一年戊辰移山西民於山東又徙登萊青民於東昌兗州 明史

按明史未明定何年以事實推之均在是年後見續文獻通考故列於是年濰縣各家譜牒多云洪武二年遷民與史不合明移民始於洪武三年斷無濰縣獨早一歲之理蓋因二年分人戶以籍爲斷或以是而致訛歟

二十二年己巳夏四月賑萊州饑 山東通志

二十三年庚午春正月山東地震旱秋八月賑山東水災 同上

惠帝建文四年壬午建官署杜氏譜

按杜氏譜作洪武三十五年蓋遵永樂時詔革除建文年號今更正之

成祖永樂元年癸未春三月賑山東饑夏山東蝗修白狼河堤明史

八年庚寅夏五月平度州濰水及浮糠河决浸百十三所明史五行志

按濰水浮糠河皆在縣東境時縣屬平度州故史云然

九年辛卯溢于丹河明史

十二年甲午冬十月山東水溢壞廬舍沒田禾同上

十四年丙申秋七月山東蝗同上

二十二年甲辰霪雨傷麥禾甚衆同上

仁宗洪熙元年乙巳夏四月旱蝗參安邱昌樂壽光志

宣宗宣德二年丁未山東旱同上

八年癸丑自春徂秋不雨明史大饑人相食康熙志

九年甲寅秋七月山東蝗蝻覆地尺許傷稼明史

十年乙卯夏四月山東蝗蝻傷稼上同

英宗正統元年丙辰秋七月山東霪雨傷稼上同

二年丁巳夏四月山東蝗旱饑參安邱昌樂壽光志

六年辛酉夏青萊諸府蝗山東通志

九年甲子旱參安邱昌樂壽光志

景帝景泰三年壬申秋八月大水山東通志

四年癸酉自夏五月至秋八月霪雨傷稼上同

五年甲戌旱上同

六年乙亥旱上同

七年丙子恆雨淹田同上

英宗天順元年丁丑春大饑參安邱昌樂志冬山東無雪山東通志

憲宗成化六年庚寅旱同上

七年辛卯春饑參安邱昌樂壽光志秋八月大水山東通志

八年壬辰大饑參萊州府志

九年癸巳春三月甲午山東黑暗如夜者七日秋八月山東旱饑益都志

十年甲午春二月山東奏冬春恆暖無冰雪明史

十四年戊戌秋七月山東水同上

十五年己亥冬山東無雪同上

二十年甲辰大旱同上

二十二年丙午冬大饑參安邱昌樂志

孝宗弘治三年庚戌山東旱明史
四年辛亥山東旱同上
五年壬子夏秋山東旱同上
十四年辛酉夏五月乙亥登萊二府雨雹殺禾同上
武宗正德元年丙寅冬十二月萊州地震山東通志
三年戊辰秋七月山東盜起明史
五年庚午春正月朔山東盜陷城劫掠無算黃公甫修濰城記
六年辛未春霸州盜劉七陷城燒劫一空守城指揮張昇力戰死之男女被害者以千計知縣張志高棄印綬去通志修城記
七年壬申春修城夏五月流賊楊寡婦率千餘人來犯指揮喬剛與許逵禦却之未幾盜平冬十二月免被災寇者稅糧通志大饑乾隆志

十一年丙子夏大旱參昌樂志

十二年丁丑秋九月地震參昌樂志

世宗嘉靖二年癸未夏四月旱秋九月黑氣自西北起晝晦金鐵樹木有火光參安邱昌樂志

三年甲申春正月地震是歲大旱參昌樂志明史

七年戊子春大蝗饑人相食大疫參安邱昌樂志萊州府志

八年己丑旱蝗參萊州府志

十一年壬辰夏大蝗參安邱志

十二年癸巳蝗食禾稼殆盡康熙志

十五年丙申夏蝗參安邱昌樂志

十六年丁酉濰水溢參萊州府志

十七年戊戌秋大水 参安邱昌樂志

十八年己亥春大饑 参安邱志

十九年庚子春大疫 同上

三十一年壬子夏五月大雹秋七月大水冬大雪無麥禾 参安邱昌樂壽光志

三十八年己未夏大旱六月大蝗冬疫 参安邱益都昌樂志

四十二年癸亥春大疫 同上

四十四年乙丑春大風害麥夏大蝗 同上

穆宗隆慶三年己巳秋七月十二日大雨水壞城郭民舍淹沒人畜田禾或山脊成溝平地爲池 康熙志

四年庚午春大饑 参安邱昌樂昌邑壽光志 裁革古亭驛 大明會典

神宗萬曆元年癸酉縣人劉廷錫創纂縣志成 萬曆志

十年壬午修學宮 郭氏譜

十二年甲申春二月地大震 康熙志 秋九月海水溢漂沒人物 乾隆志 濰河決 萊州府志

十三年乙酉知縣郭存誠立永惠等十倉 郭氏譜

十六年戊子夏六月庚申夜地震 康熙志

二十一年癸巳夏四月大寒民有凍死者六月大風拔木秋霪雨四十餘日水傷田禾殆盡大饑 康熙志

二十二年甲午大饑人相食 參萊州府志

二十三年乙未夏五月大饑大疫 乾隆志

二十五年丁酉春正月大風晝晦 參安邱昌樂志 秋八月地震越三日又震是歲大水 康熙志

二十八年庚子夏四月十五日雨雹大如鵝卵平地尺餘人畜遇之多死傷 參萊州府志

四十一年癸丑秋七月大水海水溢蹤百里壞民舍無算 參安邱壽光昌邑志

四十二年甲寅秋霪雨六十餘日大水傷稼（參萊州府志安邱志）

四十三年乙卯夏旱蝗秋大饑粟價湧貴民刮木皮和糠粃而食林木爲之盡饑死者道相枕藉有剜尸肉而食者既而遞相食法不能止又有奸民掠賣男女興販遠方輒獲重利謂之販稍往來絡繹道路不絕號哭之聲振動天地週歲之間死於兵獄飢寒病疫流亡者全齊生齒十去其六尸積如山民間相傳從來未有此厄（康熙萊州府志安邱志）

四十五年丁巳秋大蝗奉文捕蝗三百石准充儒學生員八月大雨雹（參安邱昌邑昌樂志）

四十六年戊午秋九月加田賦（參昌樂志）

四十七年己未有秋增餉（同上）

四十八年庚申秋八月大雨雹（參安邱樂安昌樂志）

熹宗天啓元年辛酉冬十月地震（參昌邑安邱昌樂志）是歲遼左失守全復二衛民紛紛渡海

來濰設招練道以安輯之（明史劉氏家乘）

三年癸亥秋七月大蝗（參安邱昌樂志）

四年甲子大括地弓尺頗小人稱不便（參安邱昌樂壽光志安邱志作五年春）

六年丙寅重修儒學（郭氏家譜）

思宗崇禎二年己巳詔汰冗員裁去主簿訓導各一員（明史）秋大水（參安邱昌樂壽光志）

四年辛未冬閏十一月登州遊擊孔有德等叛於吳橋率標下五百人大掠而東（昌樂志平叛記）時益都乙邦才寄居於濰能接矢反射與其驍將李九成戰敗之衆大辟易去（織齋文集）

七年甲戌春正月朔雷雨雪夏大旱蝗蝻生（參安邱昌樂壽光志）

九年丙子冬十一月二十日夜戌刻鷄聲亂於塒風雨大作（萊州府志乾隆志）冬燠十二月猶不著棉衣草蟲有生者（參安邱壽光志）

十年丁丑夏六月大蝗大饑叅明史安邱志

十一年戊寅夏六月大旱蝗叅明史山東通志昌樂志

十二年己卯春正月清兵陷濟南府城知縣邢國璽倡築石城山東通志康熙志 大旱郭氏譜

十三年庚辰歲大饑斗粟千錢冬尤甚至人相食山東通志 增田賦叅昌樂道光志 冬十月初五日雷電忽作康熙志

十五年壬午冬十一月清兵復入塞十二月初九日衆萬餘人圍縣城知縣周亮工、督邑人城守三閱月不懈清兵三穴城垣卒未攻入二十五日神樞營統練副將都督同知王埏率隊掩伏寒亭原作韓廷誤 清兵過突起砍殺清兵落馬大半西鄉流飯橋莊東鄉木村蹂躪特甚幾至人煙斷絕全濰紀略杜氏譜王氏譜清內閣檔案

十六年癸未春清兵出塞明史

數論朱鼇周俠全濰血濺紀壬午建子之月奴虜入塞登萊鍇牙入海若島嶼然其去塞下也計里之數積

以千此變昔所未曠及地也雖使周公以雄陽之英少理渤海之盤錯約舫烹鮮二年於茲矣嘗館穀初詢戌寅敵虜陷濟掠齊狀慨然矢桑曰天方發艦嘗恩有以懷其來勿徒恃其不來也懷之之具曰城曰器曰粟而尤莫要於人城不堅完與畫地同器不弔壽與徒手同粟不積與楬竿同人不和調不隸附與鳥合烏散同於是甄埔為之眾其瑕隙其敵崇其陴垣密其炮站星列其火具京峙其糗糧守國之險稱備矣諸所為得道和人之卒凡二年間欽讀勸課皆是也比今遊還偵虜盟雜益復偵慨乃盟紳衿耆庶於神宇心力相協方區相布分不才甄等於東門而督之以原任淮撫尚書郭諱尚友者分署縣丞黃金鼎等於南門而督之以候補主事胡諱振奇者分巡檢解應選等於西門而督之以原任南瑞道參政王諱瑨者分典史王汝濟等於北門委病陝撫僉都張諱爾忠者臥而督焉城之正背端一樓號青陽公之所為居中以制四方者也石城周十里為垛千二百一十有五每制門役一夫夫專一垛征之城居之族蒞則郭村丞遂成來入觀矣已伯亞旅成來受職矣蓋每梁三人仍餘遊兵家丁親丁各千餘人願安所得輸慕之費乎則有我公偉叢紳衿義民合捐之金在梁上鋸木架一條一層近社輪樹數千株其磚石山積則城跪稚所移乘具既張為人思奮不才經侮從公騎巡閱焉即早知雖城之為盤石也已十有二月厥八日癸酉逕越架日甲戌虜乘萬餘矢七營於西北又質日食朝以數百騎四向窺城犧於城炮者勞垛也虜人氣奪是夜公募勇士縋城斬其營營移六七里十二日食期以驍騎迫擄我西郭公又以城砲斃之虜人計阻我北城之外育萊孔備也古無居民近關利之徒饑構旗郎成二郭焉虜借東北郭樓嗣為遠蔽張內牛馬糧為近蔽穴我北城之東隅十四十五日公盟於關一岳兵斬俘之十六日寅對穴處城崩二三丈虜架雲梯冒死欲上公先期構木城

鑿內濠以待之懸天梯飛擲以擊焚之我衆恃此不恐虜現其精銳於城下衆於奔北之窮途逵拔帳而東梁夫從公補崩城堅遂竄駿工在退虜之日睹十

九日虜從一舍外萃北陷破昌邑之師矢於鄉東其勢如林是夜架雲梯數十夜抵南門迤西城上木石火器城下避兵郭民夾攻退之二十日又萃其陷、破

平度之師倚北郭關廂及牛馬牆之嚴穴我北城之西隅二十四日昧旦穴處城崩六七丈諸森羅迭移時方定蓄虜鑿壕火藥轟之也當是時也轟塌廬橫

倚前繼亦倚前賊於倚前習死亦倚前而盛我之衆懈我之炮移自昌邑又前此之所未曾有乃我先發既振長技益熟其所恃以不恐因而推虜於城下追

虜於窮途者一如十六日之於東隅、其補完崩城也亦如之不特此也此刻間南門迤西十九日戰所則有千餘虜銜蹈爲西門迤南則有二百餘虜猶蹈焉

脅從徒衆佛而去北門橋東十六日毀所則有百餘虜控騎而伺焉亦一旗再環衛而去總於是夜昧夾免走而南馳矣難民脫罟竊而反幹止者逃虜衆嘯

入寨以來未透如此之大捷此語當非誣所自朔九日被圍至念五日圍解其間小撓者四朔十日擊死數十割級一獲其油頂脅帳一十二日擊死百餘十

四日斬殺數十十五日斬友紅角長二割級四大捷者三初則擊刺焚殺五六百割級三十餘獲其盔甲七馬六驢十箭糧之馱十火藥之甕二十二刀三弓

四箭一千五百元寶一上鐵盔溪縣棘蘭字殺割髮難民二十餘名口再則焚死三十除擊死四十餘獲其衛五百三次之殲賊也北數百南數百內一會西

數十所獲北六梯南八梯西五梯北千箭南千箭西三百箭南則又多紙纓百張神槍二杆爲其三巨砲鑄昌邑知縣陳啓元數道字則虜遁時追師所搶也

大抵戰之所以捷守之所以固槃我公先事預防臨事多算之所致而公猶謙謙不敢自居對人每遜謝不勝初捷則曰張中丞臥旁矢石以呻吟爲叱咤

也郭司徒重犒士卒以奇計成首功也上再捷則曰胡主政傭慨激勵從容應
歡也上三捷則曰郭與張王與胡四紳分防堵剿也三者之措皆士弁協謀也
兵民用命也齊衿內室來字閨秀及醫夫幼子呼石石至呼木木主呼飲食器
物則飲食器物卒至也四公而外則又有孝廉子衿及織偎或竭血彰或指至
困或血戰或守綫成代布恩續於城頭或佐說先發於里左皆公所言則納之
事則任之功則衄之者也其親丁家丁衙丁營兵鄉兵梁夫遊兵各千百人皆
公所勢則賞之患則怡之者也萬人一心衆力成城殆彼爽醜仟我民社今而
後經益微濰城之為盤石也在昔世忠之妻仲淹之子皆久往營桑開然亦似
一二人為其親者用耳濡俗右文數百年不見兵戈出屋疑室皆南國采宋之
婚東山詠霽之婚陳翁雍上之崇儒鄭子泥中之奴婢微特不才經所育諧繞
被沐浴我公今古文之數澤而已也食卒遇變而號蹶奔命之恐後公之所以
得此於人人者豈有異哉大約曰慎曰重曰處而能容靜而不亂值紛然之論
威笑而聆之窩隙漸之際又毅然行之且城頭立法不務之殿而務寬人初疑公
失之太寬公乃曰吾柔如是駭未能為也乃當穴城崩壞之際萬心若一咸曰
吾不能舍吾仁廉之從也至以寬得效而後人服公居心之仁而厚用意之深
且遠云然此猶其末也當穴城已深外援不至之際公剌血請兵者三番暈仆
于地滑向持函馬卒樽首再拜曰急行教吾關邑生窟迫穴城將塌之際公自
署其職名于衣襟之上而以縣印覆之曰賊入我死識以覓我時無錫高忠憲
公之孫在側公令之僚己胸腦聞曰濰令周某之尸一時慘動天地從傍數百
人皆痛哭失聲不能仰視及賊將引城之際孝廉郭知進生員胡貞徵在公之
側公見戰士少退慨舉刀示之曰戰不力吾即死於此舉刀自刺郭胡二君持
之而免衆因自勵一戰而虜退賊夫公之所以得此於人人者豈無故哉蓋其

才略既足以馭人而其忠烈之氣又有以激之也若公者殆所謂萬邦爲憲者與抑將所謂四方是維者歟公諱亮工字元亮一字陶菴河南祥符籍江西金

鄉人廣長選士崇禎癸未季春朔青門朱經書於分守之迎旭樓

十七年甲申春三月十九日李自成陷京師二十三日榜選宛平舉人王仙芭爲濰縣令未敢至夏五月清兵入山海關十三日邑中土匪一時蠭起互相雄長割據村落攻城半載有餘大小八十餘戰秋九月十八日清巡撫陳柯率軍東下地方始平縣地入於清清以是年爲世祖順治元年康熙志

陳調元濰城紀變甲申之變即僞闖之永昌元年也各縣俱設僞官而濰獨無時閏邑稱慶不意於五月十三日四鄉土寇一時蜂起東則王含元西則秦尚行等各相雄長互爲雞迭凡遠近村落割據瓜分號令所到一呼百應少者數千多至盈萬或稱總督大帥或稱巡按巡鹽等官其長矛則竿揭尋丈其堅甲則鞋底騾釘擄掠婦女殺人如麻名曰搭粘每粘有大頭目千長百長十長又有軍師聯兩粘三然一時賊目發難蟻聚蜂屯不離濰城一步虎視眈眈專攻父母桑梓之邦螻嗟昔有大豪俠如樊宏作營壘以保戚屬保全者八千餘家慶延壓甲胄以衞眷族扞禦安全者甚衆後皆享有富貴貽謀子孫彼何人歟其葛藟之庇本根歟而余何夜夜火光燭天朝朝戈甲鏢日或父在城而子在村或兄在城而弟

在然一對壘則好口惡語不顧父子兄弟也一交鋒則呼殺震天戈戟交加不辨父子兄弟也攻打者半載有奇死戰者七十餘陣自五月十三日至九月十八日始以大清定鼎督撫陳總鎮何東下初賊猶相抵于壇上賊乃得招安帖服乘肆漸次底定嗟夫天哭地燄古所仮有至人心之死天理之絕人人欲殺父兄日日思劇根本此千古未有之變也可寒心也更有可嘆者梟獍性生殺繇習慣招安之後別無然弄時思鼠竊互相搶劫又名曰刷然初則東然刷西然西然刷北然無寧日也然刷不已則東然自刷東然西然又刷西然無刷物也衆心亂行始而同盟殺掠終而反戈攻屠不甚戴不已後人亦可深長思矣

濰縣志卷二終

通紀二

清世祖順治二年乙酉令民薙髮參安邱昌樂志

四年丁亥秋大水參安邱壽光昌樂志

七年庚寅秋七月二十五日大水濰決參昌樂安邱志

九年壬辰夏五月十三日大水濰決漂麥參昌樂安邱昌邑志

十一年甲午東人獄起初明崇禎間滿洲兵入塞所擄人口多配王公爲奴定都北京後多以不堪虐待逃亡官府札飭索逃亡者株連頗衆時號東人之獄時氏譜

十二年乙未春糴湧貴斗粟千錢參安邱昌樂壽光志

十五年戊戌大旱自立夏迄仲秋康熙志

十六年己亥秋七月十二日夜大水濰決參昌邑安邱志

十七年庚子夏大旱參昌邑安邱志

十八年辛丑歲饑流亡載道郭氏家譜棲霞于七兵起滿漢兵過境東下參安邱昌樂志

聖祖康熙二年癸卯大旱康熙志

三年甲辰大旱自去歲四月至是年七月井水竭參安邱壽光昌樂志

七年戊申夏四月大風海嘯渰四十餘里泛漲二晝夜六月十七日大水地大震有聲自西北而東南如雷如鼓陰氣慘黑壞房屋五千餘間壓斃四百七十人白狼河近堤處平地開裂尺丈不等涌出黑白泥沙井水上溢十八日又震秋七月十七日又震八月十三日又震萊州府志康熙乾隆志

八年己酉春正月初二日地震冬十月復震參安邱志

九年庚戌夏大旱冬大雪奇寒井水冰果樹凍死殆盡乾隆志安邱昌樂壽光志

十年辛亥春正月地震秋八月復震參安邱昌邑昌樂壽光志

十一年壬子修縣志康熙志夏四月地震五月又震秋七月蝗八月地又震參安邱壽光昌邑昌樂志

十二年癸丑夏六月蝗參安邱志

十三年甲寅夏大旱參安邱志

十四年乙卯夏四月隕霜殺麥參安邱、益都志與昌邑定界立碑於交界莊東石碑

十六年丁巳秋七月十五日大水參昌邑安邱志

二十二年癸亥秋大有年斗穀三十餘錢乾隆志

三十年辛未蝗損禾稼乾隆志

三十二年癸酉海嘯淤四五十里萊州府志

四十二年癸未秋霖雨害稼乾隆志

四十三年甲申旱大饑斗粟千錢人相食時又新頒大錢舊錢不行有懷數緡不得

易升斗者貧者多攜子女鬻於市兼以大疫人死十五六朱若賓蝸鳴集韓氏譜

四十四年乙酉夏四月雨雹傷麥乾隆志

四十六年丁亥夏四月十八日霜麥復生大稔乾隆志

四十七年戊子知縣李景隆督濬白狼河白楊河乾隆志

四十八年己丑濬桂河乾隆志

四十九年庚寅立常臺官莊招民開墾攝莊文集

五十八年己亥秋大水乾隆志

六十一年壬寅夏六月二十九日黑霧四塞乾隆志

世宗雍正二年甲辰與昌樂定界塔山畫歸昌樂昌樂志

四年丙午夏六月十九日風雨壞民居丁銀攤入地畝乾隆志

五年丁未冬十月初三日海水溢參昌邑道光志道光志作六年

八年庚戌夏六月大雨衆水合流二十四日白狼河水漲齊城腰城倒壞者一千四百餘尺鄭燮修城記二十五日濰決參壽光昌邑志

九年辛亥復設官竈場以固堤塲隸焉壽光志云元制山東運司所轄十一場官臺其一也康熙十八年裁至是復

十年壬子歲稔斗穀四十餘錢乾隆志

十三年乙卯春饑秋大熟參安邱壽光志

高宗乾隆三年戊午春旱自正月不雨至於夏四月參安邱壽光志

十年乙丑疫郭氏家譜秋七月十九日海水溢乾隆志

十二年丁卯春旱大饑自十一年八月不雨至是年夏五月十八日始雨連陰兩月無禾乾隆志參安邱昌樂志二十史朔閏表

十三年戊辰春大蝗疫水饑參安邱昌樂志

十四年己巳春饑秋大熟參安邱志修城永禁煙行經紀碑記

知縣鄭燮逃荒行

十日賣一兒五日賣一婦來日剩一身茫茫即長路長路迂以遠關山雜豺虎

天荒虎不飢肝人伺巖阻豺狼白晝出諸村亂擊鼓嗟予皮髮焦骨斷折腰膂見人目先瞪得食咽反吐不堪充虎餓虎亦棄不取道旁見遺嬰憐拾置擔釜

賣自家兒反爲他人撫路婦有同伴攜而與之乳咽咽懷中聲咿咿口中語似欲呼耶孃言笑令人楚千里山海關萬里遼陽戍嚴城嚙夜星村燈照秋滸

長橋浮水面風號浪偏怒欲渡不敢攖橋滑足無履前牽復後曳一跌不復舉過橋歌古廟聒耳聞鄉語婦人叙親姻男兒說門戶歡言夜不眠似欲忘愁苦

未明復起行霞光影踽踽邊牆漸以南黃沙浩無宇或云薛白衣征遼從此去或云隋煬皇高麗拜雄武初到若夙經艱辛更談古幸遇新主人臨流脫輿眠此處

長犁開古隴春田耕細雨字牧馬牛羊斜陽谷量數身安心轉悲天南渺何許萬事不可言臨風淚如注

又還家行

死者葬沙漠生者還舊鄉遙聞齊魯郊穀黍等人長目營青岱雲足辭遼海霜

拜墳一痛哭永別無相望春秋社燕雁封淚遠寄將歸來何所有兀然空四牆井蛙跳我竈狐狸據我牀驅狐窒鼯鼠埽逕開堂皇濕泥塗舊壁嫩草覆新黃

桃花知我至屋角舒紅芳舊燕喜我歸呢喃話空梁蒲塘春水暖飛出雙鴛鴦念我故妻子羈賣東南莊聖恩許歸贖攜鏹負囊筐其妻聞夫至且喜且徬徨

大義歸故夫析夫非不良摘去乳下兒抽刀割我腸其兒知永絕抱頸索我孃墜地幾翻覆淚面塗泥漿上堂辭舅姑舅姑淚浪浪贈我菱花鏡遺我泥金箱

賜我舊簪珥包并羅衣裳好好作家去永永無相忘後夫年正少慚慘難禁當潛身匪鄉舍背樹倚斜陽其妻徑以去邈隔過林塘後夫攜兒歸獨夜臥空房

兒啼父不寐燈短夜何長

又竹枝詞四首

徵發錢糧祗恨遲茅簷鋪屋又啼悲借來稻于三升半欲納官租賣與誰濰城原是富豪都尙有災黎痛剝膚斷餓他州兼異縣救災循吏幾封書

木饑水毀太渦發天運今朝往復還閒行北郭南郊外麥隴青青正好看闔家逃戶幾人歸攜得妻兒認舊扉茅屋再新牆再葺園中春韭雨中肥

又碑記乾隆十四年三月濰縣城工修訖而土城猶多缺壞諸烟舖聞斯意以義捐錢三百四十千以築土城城遂完善無復遺憾此其爲功豈小小哉可不永革其弊以報其功彰其德哉如再有敢妄充私牙與頭求作經紀者執碑文鳴官重實罰不貸

十五年庚午大饑濰城隍廟碑記

十六年辛未春三月十五日海水溢夏雨丹乾隆志

二十年乙亥春大風拔木參安邱昌樂志昌樂志在秋七月

二十一年丙子夏五月二十四日霖雨乾隆志秋大水參書光志

二十二年丁丑沿海無麥禾濰詩采錄

魏來朋鬻子行　濰北邑當丁丑年沿海村落少炊烟無麥無禾空赤地家家異乃如罄懸陸下

鬻兒莫館畜百許銅錢即便鬻但令得主免饑餓寧甘下賤爲人僕交錢交兒說分明錢交兒不隨人行爺亦無奈強作色驅之使去終不能留兒揮手頻頻

打旁觀誰是解救者頻打頻來懷中藏兒聲長號爺如啞我偶見此心酸辛歎息父子本天眞爺恐傾同墳淸藍兒惟知戀骨肉親仁至義盡兩得之心欲周

濟魏無貲

二十四年己卯定斗級過斗抽用俱按照二十五桶市斗爲準小米麥子高粱豆穀等項粗糧每一市斗許其抽用大錢三文大米糯米芝蔴等項細糧五文縣民安傑所呈請也 石碑

二十五年庚辰修縣志 乾隆志 夏五月朔日蝕既申刻晝晦 參安邱壽光志

二十九年甲申夏六月蝗 參安邱志

三十六年辛卯夏大水汶水汎濫 參安邱壽光志壽光志夏作秋

三十九年甲午秋七月大蝗落地厚數尺飛樹上巨榦皆折 參安邱壽光志靑州府志

四十二年丁酉秋旱調查冊

四十三年戊戌夏旱參靑州府志昌樂志

四十五年庚子濰決參昌邑志

四十六年辛丑夏秋大水參靑州府志

四十七年壬寅秋八月大水參靑州府志

四十八年癸卯春饑參安邱志

五十年乙巳春夏大旱自四十九年秋九月不雨至是年秋七月大蝗人有不辨路徑爲蝗所食者秋復旱調查冊冬饑大雪平地深五六尺參安邱志

五十一年丙午春大饑調查冊益都志云麥苗樹皮喫盡市有售水藻者安邱志云斗粟二千餘錢大疫綠野齋集安邱志

五十二年丁未大有年參安邱志與昌邑定界重立界碑於交界莊檔案

五十五年庚戌春三月十一日隕霜殺麥不逾月復生徐景東霜麥記

五十八年癸丑秋蟲爲災調查冊

六十年乙卯春大旱夏五月十四日始雨秋蚜蝗害稼參昌樂志昌邑續志安邱新志

仁宗嘉慶元年丙辰秋濰水溢參安邱新志昌邑續志 冬十月大雪登萊兵過境參昌樂志

二年丁巳春三月濰水溢參安邱新志

三年戊午大饑調查冊 冬十月地震參安邱志

七年壬戌夏大旱五月至六月不雨苗盡槁綠野齋集

八年癸亥冬大雪參安邱新志

十年乙丑秋旱蝗害稼參安邱新志昌樂志昌邑續志

十二年丁卯廣學額調查冊

十五年庚午春正月十六日晝晦三月十二日申刻復晦參昌邑續志 秋大水參安邱志昌邑續志

十六年辛未春旱饑劉玉章稾志 夏六月大水無名氏日記

十七年壬申春大饑疫道殣相望蜀秫每斗四千餘文參昌邑續志安邱新志冬大寒參安邱新志

知縣孫世棟奨濰縣紳商救荒碑嘉慶十六年春邑大旱五穀不登米價騰貴窮黎百姓憔悴之狀形於面目心竊傷之又聞此次荒歉不減於乾隆丙午之歲將來死亡流離比前時必更甚心益憂之因集衆紳士於書院而告之曰歲荒矣民不聊生可奈何衆曰救荒無善策唯設廠放粥眞實有濟余聞之喜邑之多仁人也又告之曰議定矣約內外一體公心辦理勿經胥吏手勿肥漁利人之囊槖務求恩澤被於羣黎勿辜虛文而歸實效衆曰諾於是立相驗設總局謹收發而粥廠之一在北關之東偏關帝廟一在南關之西偏李氏店恐男女之無別也又加一廠於城南門裏之南寺爲女廠爲北關粥廠由北關外玉清宮給票南關粥廠由南關觀音廟給票女廠由城守署給票每日各廠於五更時賚粥票於黎明時分別給發先老者次幼者次年力富強者其殘廢有疾病許驗明註冊給予長票免其逐日來往領票之苦人持票至給粥一甌甌約三合米可足一人一日之食嗚乎至矣余忝膺民社顧諸君子秉公持正共濟艱難每日臨廠見其備錄之周綜理之密稽察之嚴民就食者無守候之虞擁擠之患自辛未十二月念三日起至壬申五月十五日止計每日領粥人數北廠約八千上下南廠約五千上下女廠約七千上下統計設粥廠百四十日內日可全活二萬餘人以故一邑之內民無賣妻鬻子死亡流離之慘是年四月藩憲查災過境旋奉札諭俟撤廠之後務須將捐資各紳商分別多寡或給予匾額或撰文記事鐫碑垂久以獎善士而勸將來今逾一載矣年登歲稔民氣漸舒用述當時辦理粥廠情形以著仁人君子急公之義救災恤貧之誠心亦使後之蒞茲土而念切民瘼者有以

所考采

十八年癸酉春大饑修城時河南東部有警戒嚴調查冊

二十四年己卯冬十二月二十九日大雨雪張昰燕園集南門圯嘉慶修城南門記濰水溢參安邱新志昌邑續志

宣宗道光元年辛巳夏六月大水吳梯估雲編秋疫無名氏日記改建節孝祠於城內曹家巷節孝祠碑

五年乙酉饑陳氏譜

六年丙戌夏大旱冬無雪劉玉琪居易堂集大饑陳氏譜

七年丁亥春三月地震參安邱新志夏大旱居易堂集大熱參安邱新志

九年己丑冬十月二十三日寅刻地震次日申刻又震無名氏日記昌邑續志安邱新志益都圖志昌圖志又云自是晝夜十餘次或一月數震或數月一震至十一年十月方止

十二年壬辰重修文廟及書院鄉土志

十三年癸巳夏五月大疫無名氏日記冬大雪調查冊

十五年乙未春大旱夏五月霪雨秋蟲食禾歉收昌邑縣志蕉園集登萊青三府飢民赴奉天就食山東通志

十六年丙申春大饑夏疫蕉園集秋九月初一日設局採訪節孝姓氏節孝總坊題字冬十二月大雪調查冊

張豐救荒記事道光十五年秋收歉薄署邑宰盧龍李公恩霖於嘉平月四日邀余與陳封翁辟陰署濰陽縣丁公茂東封翁陳公蘊荊謀所以救荒而查在修城以代賑余以爲城中所捐貲可以城工用四鄉殷實戶所捐貲即於各鄉設廠施粥其法先於四鄉令約地每鄉舉公正四五十人合查其戶口之貧而需賑者復鄉出一官率此四五十人公同勸捐量其捐之多少鄉分四五廠即令此四五十人分還施粥人日給一合十日一領一口十日一升三口十日三升如鄉所捐貲或不給城中紳士所捐貲酌量助之如此則所及者廣城中得專以修城則賑事畢而城成一舉而兩得矣縣主諸之逢間城工約費幾何陳封翁對需京錢十萬次日縣主逢拜大戶田劉丁陳等有以嘉慶十八年施粥溥歉者蓋意在

施粥以省費也越三日復邀紳士二十餘人飲即商賑事其欲施粥者言修城之不便予非之將散座欲施粥者畢衆出時予先出不知衆何俱出次日縣主將從送至三友堂陳變龍家邀衆食之欲施粥者指余大言曰今日宜救人命何事修城且汝何專主余曰修城代賑即救人命余何能專主余以意見不合因辭大衆不預此事至十六年正月八日縣主以巡撫批稟同約余觀於普院見所覽以修城為主約用五萬金施賑用五千金初來分鄉城亦不言賑糧賑粥縣主總一意修城時有郭同知寓書於予言修城之非楊孝廉亦與予言施粥之善城下所居貧戶二三十人亦登門求不修城余以作大事必順人心且修城所需器具雜促辦可先從施粥之策俟施粥後再圖舉通二月初一日乃開廠共男廠四東關南關北關固堤村女廠一在石佛寺每日女廠至萬二千入男廠八九千人數較十八年加倍不止時米價昂借倉谷二千五百石以濟余曰二月以前已凍餒死者已矣恐交三月天氣漸暖薰蒸之氣發為癘疫徵特貧者即發饑發粥紳士亦將有多病者不如施糧十日一須民有九日之閒草根木皮亦可伐取助食爨可省火夫衙役煤炭之費言於縣主極言可行叢畢二十餘人咸以為可末一人以為必商之某某沮之逢仍行施粥既而傾粥人數日減以病者多也廠附近死者日數十口首事死者丁克成之子廷模十餘月辛其父亦瞻卒丁潑丁煜並其兄某丁培陳任甲陳力純陳宜倫陳逃璉于愷譚克遜張永泰王振統高玉章病者不計其數廠中人不數用因先止東關廠次南關次北關次女廠以董事者多病也貸者之死約數萬廠止借餘錢三萬貫是役也生員丁垣以父命首捐錢二萬貫田一萬劉八千餘或數千數百余門戶捐二百千三鋪捐二百五十千合城內外門戶鋪戶捐錢九萬餘千四鄉僱捐二千餘千共十萬餘千使以之修城何城不成乃日以施粥療人凡

鄉中來者夜則露宿晝則枕藉一日一夜不過食粥一甌既久人非鐵石能勿病乎且城隍廟武衙門晝夜聚處生死雜錯產於廟中飢寒者十口幼孩生花者千人臭穢之氣溢於街巷至五六月各村各隅死者相屬雖小康者不能具材木貧者皆以土掩之全家斃盡者無算舉不換服嗚呼將欲救人命反傷人命且傷己命雖曰天命豈非人事哉後之救荒者戒哉

十七年丁酉春正月初八日白蓮教匪馬剛作亂旋被執伏誅

檔案濰陽記事詩注

山東巡撫經額布奏摺

奏為督同臬司究出濰縣匪徒馬剛等倡教謀逆偽封軍師戕斃委員開監放犯殺傷多人統計先後獲斃自盡拿獲首要匪犯及僅止習教男女各犯共一百五十二名起獲逸犯黃紅衣帽刀械並擬文搜獲鐵槍頭一百零五個及現訊情形恭摺具奏仰祈聖鑒事竊照前據萊州府屬之濰縣知縣林士駿稟報教匪馬剛滋事當經恭摺具奏並委署臬司寶清馳往查辦欽奉上諭此案教匪馬剛在濰縣境內徐忻家窩藏既經該縣林士駿訪聞查拿何以並不小心防範致令匪犯三四十人各持械刀至縣署各署滋鬧扎傷數人並將委員候補從九品呂文山戕斃並開監放犯逸出究竟其教創自何年何人起意滋事之犯是否已在現獲馬剛等之內受傷實有幾人所放監犯若干名人數是否均已拿獲著經額布據實查明嚴切深究務盡根株勿令一人漏網以申國法而快人心其戕斃委員候補從九品呂文山著查明交部照例賜恤將此通諭知之欽此臣額據登萊青道吳振棫萊州府知府何輝綬先後稟報馬剛等於滋事時並有穿戴黃紅衣帽之犯起獲腰刀三十四把逆情顯著復經恭摺由驛

馳奏奉上諭此案匪徒倡立邪教穿戴黃紅衣帽直入縣署戕斃委員開監放犯究竟因何起意何人下手戕官殺傷多人創數起自何人爲首所獲之馬剛是否即係此案首犯腰刀何處打造何以地方官毫無覺察著詳細查明此外有無黨羽匿跡潛蹤及私造兵器務即搜除淨盡以絕根株勿得任其蔓延致貽後患是爲至要將此諭令知之欽此臣先於正月十八日晚刻馳抵濰縣即據署臬司賈清登萊青道吳振棫隨面飭該司等連日提犯研訊究出馬剛起意謀逆聞拿起事各情拿獲匪犯劉虎等並馬剛等所穿戴黃帽四頂黃衣五件黃帶一條紅帽一頂又起獲紮頭圈十個傳教木戳一塊經卷三件符咒一道描畫雀鳥等物之黃緞一塊並查明初八日賊匪滋事時城內紳士就同該縣林士駿督率鄉勇守護城池甚爲得力先後女犯六名口譚徐氏徐杜氏因拒捕被格受傷業已身死並捕受傷之家人楊升已俱身死又有衙役譚世齋民人杜文友均因捕賊被殺又捕家人譚福衙役劉瑞升被賊砍傷該匪犯等又至陳家大門首滋鬧未曾傷人均未查出又舉人劉鴻翔家被賊砍傷五人內屬工單奎一名因傷斃命又案內匪犯李三李蕭氏李譚氏李氏時立得李二時鄧氏李阮氏王階等十人均因聞拿畏罪自盡逸出之監犯三名內監犯李希後業自行回投尚有軍犯一名徒犯一名未獲惟訊馬剛狡猾異常供詞含混必須嚴切訊究等情臣以該匪等膽敢倡教謀逆造製黃紅衣帽戕官殺人徒黨必衆斷不止此人數恐匪徒等於滋事之後竄逃潛匿或輕聽謀逆未及入城均無姓名年貌籍貫必須由逆、馬剛等供出始可按名查拿尋捕不特縣獲具犯像恐擾及平民隨飭提馬剛等繪同署臬司賈清登萊青道吳振棫萊州府知府何輝棪隨帶委員高唐州知州徐宗幹淄川縣知縣龔廷颺胸縣知縣招子庸候補知州崔紹中張積中華玉墀壹鑒豐該縣知縣林士駿等晝夜熬審該犯馬剛等供無狡飾據將起意謀逆並偽封劉杰為偽軍師製造黃紅衣帽商酌劉杰王得亮等定期起事嗣因教訪倉猝入城戕官收人並先曾囑令雞從謀逆田鳳鳴打造槍礮一百零五個藏沉莊井底等情臣隨飭該縣林士駿並密派員弁隨同該道府查明馬剛等所供姓名住址跟蹤捕收隨隱隨拿統計先後緝獲自查拿獲匪犯王得亮等隨同習教男女各犯一百五十二名並將槍頭丸散起獲前來提訊起獲劉傳教木戳上刺花紋貢緞上畫鳥雀及似獸非獸各物並男女各一人並有杜撰不成字跡經卷佛咒並無逆悖語句隨督同提案研訊據首犯馬剛等供稱道光十五年八月間伊與案識之已獲劉曰乾曾過劉曰乾說他拜劉杰為軍師習坎卦教劉杰是安邱縣已獲案內逃犯馬俊之徒現充坎卦總教頭劉曰乾使入教伊屬允當拜劉曰乾為師劉曰乾教伊異空家鄉無生父母現在如來佛勸我主等咒語每日念歸並於喝茶口念供飯至桌叩謝來等等咒伊給劉曰乾錢根錢七十二文，十六年五月間劉曰乾代伊見劉杰行禮劉杰因傳徒不多見伊口詞伶俐易於孀婦就收伊為義子把教務讓他並將傳教木戳符咒等件一併交收同教、之人事　伊為總教頭劉杰仍幫同經理因坎卦教容易犯案人多不為改為天主教栽根錢仍是每人七十二文女人入教給栽根錢四十八文春秋之供一二百文不等先後轉馬剛二十五人為徒得過錢不記確數馬剛等復又輾傳傳習伊所倡天主教會劉杰等輾轉傳徒匪黨共有二百餘人伊常在劉杰家往來劉杰之妻劉周氏伊女劉金妮見面不避伊乘閒與劉金妮苟合訂為夫婦劉杰劉周氏知情縱容伊就令劉金妮為女教頭劉金妮趕說他是織女星下凡伊是白虎星下凡他見過無生老母並稱上年瘟疫盛行將來收成還要不好同還劫運凡信從入教者可以免災之語從此數中人俱信奉行好歸徐氏等亦俱來入教上年十一月閒劉金妮又說伊相貌體面屢有夢兆將來富貴非常因此心生妄念起意糾商劉杰等謀反當與已獲之劉杰王得亮徐忻馬增璪兆京田鳳鳴劉周氏劉金妮被兵役搶獲之馬乘和王楨廣宋成李增玉自盡之李周商謀共圖富貴各皆見從伊師劉杰等於同教中誠實可靠不知漁瀟之人邀令幫助定期十八年二月起事旋有現獲之劉虎馬玉璸劉仁劉禮卽胡景隨王芬田鳳池張卓方漸被兵役格斃之譚徐氏徐杜氏閱傘自蠢之李三李龍氏李譚氏李氏時李氏並在逃之馬平王樹明李茂彩韓曰剛王五得王五亮李榮劉倫等隨時幫助又有現獲之徐辯王卓劉廣王平劉俊胡景道李嵩劉曰乾王四順王及喜王存忠韓曰圖李四基王步讓閒拿自盡之時立得李二時鄧氏李阮氏王階在逃之田鳳彩王楨廣李傑陳代劉美徐山韓雲馬旋馬丙宋復王禮胡景譚綠等先不應允因被劉杰等嚇逼勉從伊因從逆者首從已有七十一人將來續糾有人並起事時惑助人多隨時打造兇器將來不及必須預先多備因田鳳鳴李周秦業鐵匠日常打造器具象能成衣囑令乘空在於內院空室打造兇器地保人等無從覺察田鳳鳴李周陸鍛打成腰刀五十餘把分給劉杰王得亮徐忻馬增馬開譚兆京田鳳池劉周氏劉金妮馬乘和劉虎馬玉璸劉仁劉禮王芬王樹明等各一把又打成搶顆一百零五個伊因馬增馬開馬乘和保伊叔姪兄弟起事時穿戴黃衣黃帽劉金妮係伊女人應穿黃衣劉杰保伊義父應戴紅帽買得黃紅綢緞交田鳳鳴李周做就黃衣五件黃帽四項紅帽一頂又買得唱戲所用之紮頭圖並帶一條帶回家內收藏劉金妮用黃緞一塊描畫雀鳥又畫男女各一人杜造字樣於上使同教中人看見信服伊因現獲同教不知逆情之王劉氏住處僻靜將打就分剩之腰刀三十四把攜赴王劉氏家捏稱打造獨實央令暫寄寄存王

劉氏聽信收留伊又將槍頭用布包裹乘夜獨自攜赴莊外沉下井底俟覆糾黨逆有人再行取出裝柄給與收執十七年正月初七日將晚時候伊因聞知縣官差役防查嚴緊要將伊查拿必致敗露一時情急起意即於初八日早出其不意糾人先行進城戕官之後占據縣城合城居民自然畏服都來幫助人數衆多更可設法搶奪州府城妄圖霸踞一方就封劉杰爲偽軍師囑令與徐忻馬增馬開馬乘和劉金綬分投糾約就近居住前經預謀並甘心幫助逆黨之人於初八日早進城滋事許於事成論功封賞並將馬增馬開馬乘和應穿黃衣黃帽劉金綬應穿黃衣劉杰應戴紅帽分給各人包好帶在身邊分投前往糾人伊約定在徐忻家等候會齊因是夜正值大雪伊等至初八日早還無一人到來心裏著急即將黃衣帽取出穿戴腰繫黃帶等候劉杰一到就可進城動手不料縣營等帶領兵役將刀格落格傷被拴押帶進城因由小路抄近行走沿途積雪過深行走遲滯那知劉杰等糾衆至彼因伊已被拿去趕由大路先行進城搶殺劉杰等何人戕官殺人開監放犯伊並不知道又據劉杰供稱伊於道光六年拜前經破案在逃未獲之馬俊爲師習坎卦教尚未傳徒因同教劉三道士犯案馬俊逃走伊亦畏懼逃赴各處躲避十五年春間回家因縣境瘟疫盛行意借治病爲由興教斂錢先後傳現獲之劉曰乾等及在逃之李榮等爲徒同教之人尊推伊爲總教頭侯劉曰乾帶馬剛往見行禮經伊認爲義子並將教務讓他人掌管並將傳徒木戳經卷符咒等一併交收伊就同經理馬剛改坎卦教爲一天主教輾轉傳徒上年十一月間馬剛起意謀逆伊同徐忻等邀馬剛十五人一同商謀共圖富貴伊與徐忻等允從輾轉糾約定期起事後馬剛令因鳳鳴李周打造刀槍備製黃紅衣帽並分給腰刀一把收執嗣因縣官差役訪查馬剛起意戕官佔城封伊爲偽軍師囑伊與徐忻馬增馬

開馬衆和劉金妮糾合附近居住前經預謀並甘心幫助逼助之人於初八日進城滋事許於事成之後論功封賞並將馬增馬開馬衆和應穿戴黃衣黃帽

劉金妮應穿黃衣伊應戴紅帽分給各人包好帶在身邊分投前往糾人馬剛約定在徐忻家等候會齊因是夜正值大雪路途難走耽延時候伊與徐忻等

各處糾約有王得亮譚兆京田鳳鳴劉周氏王幅廣宋成李增玉李周譚徐氏徐杜氏馬平王樹明李茂彩劉虎馬玉富劉仁劉禮王芬田鳳池張卓韓曰剛

王五亮李榮劉倫李三李蘭氏李譚氏李氏時馬氏都各應允初八日早伊與徐忻等先行王得亮等隨後走至不料馬剛已被地方官先期拿獲伊將帽戴

上劉必親穿黃衣馬增馬開馬衆和穿黃衣黃帽因不知地方官拴押馬剛保由小路行走各拿馬剛先給之腰刀與王得亮等一齊都由大路追趕路上擋

遇壯氏馬吉日因伊闖人衆逼脅幫助馬吉日被逼勉從跟同行走及至城邊因馬剛無踪途即進城劉虎馬玉富劉仁劉禮王芬田鳳池張卓韓曰剛王五

得王五亮李榮劉倫李三李蘭氏李譚氏李氏時李氏因害怕躲避馬吉日亦亂空逃走伊與徐忻王得亮馬增譚兆京田鳳鳴劉周氏劉金妮馬開馬衆和

王幅廣宋成李增玉李周譚徐氏徐杜氏馬平王樹明李茂彩趕到縣署那時地方官未押帶馬剛進城伊與馬開等用刀擋開監門砍傷禁卒徐天池並劉

福升二人放出監犯三人又與王得亮等趕進縣署砍死王方氏一人砍傷高氏梁氏二人時有在署之委員呂文山縣官之子林慶春並家人于祿劉升李

六又署陳森張春田福衙役張欽譚世森上前向伊等攔拿伊等各用腰刀混砍呂文山當時身死伊等又把門衙破壞走到典史衙門砍傷家人楊升一人

又到縣丞衙門滋鬧無有傷人又到千總衙門砍傷家人萬倫一人走到街上因居民王根慈掌韓曰寫杜世宜向伊等攔阻馬開馬衆和因用腰刀把他們

砍傷路過陳姓門首伊等在其門外滋鬧宋會傷人又在劉鴻翔門首擋開大門逃去搶去衣物因被鬨阻砍傷事主並工人單查等五人走出街上逃鋪她
方官押解馬剛回城向伊等關拿伊等不服拒捕馬開馬乘和王幅廣芸破格魏宋成李增玉興兵役抵拒至城外亦被兵役砍傷斃地旋即身死李周逃走
不毀用刀戕傷自死馬增譚徐氏徐杜氏各被兵役拿獲伊與徐忻劉周氏劉金假已破捉拿王得亮等當各逃走逸後被獲豬有馬平王樹明李茂彩並韓
日剛王五得王五亮李榮劉倫至今未獲拿獲不知現與被脅勉從之田鳳彩等並逃往何處此外並無同謀助逆及知情隱匿之人亦無另有刀槍器械各
等情除馬開馬來和王福廣宋成李增玉譚徐氏徐杜氏李周並李三李蘭氏李譚氏李氏時李氏時立得李二時鄧氏李阮氏王附等藏躲自盡外訊之現
獲之王得亮等七名均供聽從馬剛一夥同劉杰謀逆進城滋事劉虎等七名供稱甘心從逆進城後畏懼逃避方浙一名供稱甘心從逆徐詳等十五名均供
係甘心從逆並未隨同進城馬吉日一名供係中途裹助進城後旋即逃走韓曰文等一百容二名或僅祇習教或係同教之人知情不肯堅供無預謀逆情
事各供歷歷如繪臣以該犯等製備紅黃衣幟打造兇器約期起事戕官殺人若非倚恃人衆僅止現獲劉杰等逃該犯馬剛只十五名在逃之馬平等三十
一名與謀從逆何敢如此不法究覺城上有何人據應其巳允從逆之犯遞時何以並不查數進城恐該縣明刑不止開殿同黨而所遺兇器亦恐現獲不止
此數且劉杰本係安邱縣擬徒案內在逃匪犯馬俊之徒張傳傳習現在編獲之方浙王步瀛等即係安邱人是安邱縣地方除供出之陳代在逃外必尚有
從逆之人該犯等致不供吐可以概見復又層層駁詰據馬剛劉杰等供稱該犯等原定在十八年二月間起事不期本年正月初七日馬剛因先被訪聞反

情敗露囑合劉杰等倉卒糾同附近先允從逆之人各帶隨身刀械於初八日早入城起事馬剛訂在徐忻家窩藏等候會齊比至劉杰等糾衆到家馬剛業已被獲由小路回城劉杰等未及查探遂由大路追趕時因地方官尚未押帶馬剛進城伊等遂即闖入縣署戕人開監又赴各處混行砍殺傷斃多人進城之人逮裹脅之馬吉日雖有三十七名其實在場動手之人實止十九名馬吉日與劉虎等十八名於進城時先已畏懼逃避如果另有多人難逃聞縣紳民耳目即安邱縣同數內亦實知方漸甘心從逆王步識隊代被逼勉從此外實無從逆人伊等業已身犯重罪何肯代人隱瞞徒受熬審馬剛僅止令田鳳鳴李同打造兇器腰刀五十餘把槍頭一百零五個此外實無另有器瞞兇器反復究鞫各供相同訪詢紳士人等僉稱是日實止匪犯三四十人等罪察該匪供參以輿論是初八日滋事之犯實止現供之數似已確鑿傳詢該縣林士駿據稱因訪聞數犯馬剛在徐忻家窩藏本年正月初八日黎明時知會營汛並縣丞典史前往將馬剛拿獲恐致刼奪由小路行走因沿途積雪過深行走轉致遲緩及至押犯進城不期劉杰由大路追趕進城搶殺當即會營與各官分投堵拿因各犯逞兇拒捕盡力追拿當時殲拴槍獲首要及僅止習教男女匪犯三十二名奪獲刀械十五件搜獲符咒經卷督拿田鳳鳴李周本保鐵匠日常打鐵所打刀槍供係乘閒在於內院空房打造以致無從覺察實屬忽略等情訪聞情形亦屬符合查現獲各犯內除曾入城滋事戕官開監放犯殺人僞入助勢之犯應照大逆擬辦其餘各犯有預知逆情甘心從逆有逼脅勉從者有先被裹脅後復畏懼逃出者僅止聽從習教者種種情節不一罪名出入懸殊必須詳愼追詰及種牽求以期無枉無縱斷不敢稍有草率臣與署臬司實清等借使民房內外並無間隔消息易於透漏縣監本屬狹小以一百數十名

要犯監禁縣城即使派撥兵役加意巡邏亦恐防範未能周密臣現將人犯分起派撥員弁督同兵役按日護解赴省監禁臣俟人犯解竣後即回省城再行督同詳細推鞫並究明安邱縣地方除方浙王步瀛已獲陳代在逃此外實在有無從逆之人務得確情分別定擬奏辦查新任臬司李宗傳現已由省來據濰縣印前署臬司濟東泰武臨道寶清業已交卸仍飭會同登萊青道吳振督同萊州府知府何輝經及地方文武各官將供出有名各犯設法搜捕按名弋獲經臣解省歸案審辦並此外是否尚有匿名供在逃黨羽並聽從習數之犯現仍切實根究務期盡絕根株以清地方斷不任令一人漏網蔓延貽思其原派弁兵飭傳獲解人犯再行分別歸伍除遵旨將設伏委員候補從九品呂文山查明咨部照例議恤所有審辦馬剛習教謀逆大概情形及拿獲夥首要犯名數緣由理合恭摺由驛具奏並繕錄首逆馬剛等供詞及供出已未獲及獲犯自盡首要各犯姓名開具清單恭呈御覽再東省民情安謐合併陳明謹奏奉旨已錄再首逆馬剛於審供後自知情罪重大氣無生理遂不飲食思欲餓死倖逃顯戮刁狡已極臣設法開導堅執不食迄今數日顆粒不肯下咽而察看該犯面色羸瘠已形不堪臣查該犯謀反大逆律應凌遲處死不敢精涉拘泥致令餓斃不得生誅當即飭委署臬司寶清登萊青道吳振棫臣標左督參將福升萊州營參將張璣將該犯馬剛綁赴市曹凌遲處死梟首示眾以伸國法閭邑士民同聲稱快所有首逆馬剛因絕食先行處決緣由謹奏聞

硃批是欽此

無名氏記馬剛事

教匪馬剛以幻術惑眾歷有八年迨至道光十六年秋見黨附者漸多乃潛蓄逆謀造器械製衣帽與其黨劉傑徐巫婺等約期十七年正月十五日乘元宵

演劇時大舉起事先是馬俊拜安邱劉三道士爲師道光七年劉一道士犯案馬俊逃逸後馬俊傳教於劉傑劉傑傳教於馬剛旋收剛爲義子將教務讓於剛掌管剛口詞伶俐左眼稍大朱染眉髮自稱異相以惑人因坎卦教容易犯案改爲天柱教入教名爲學好拜師斂錢名爲栽根習念眞空家鄉無生父母現在如來彌勒我主等咒語幔轉煽惑人數益多羣推馬剛爲總教頭稱白虎星下降劉傑自稱帝星下降妾周氏妄造八卦歌詞及十封書等語女劉金妮自稱織女星下凡周氏言金妮初生之夕帶火繞室家人皆敬之故又名敬妮從犯皆呼金妮爲上仙推爲女教頭馬剛業已娶妻劉傑奇剛之貌縱其女金妮與之私徐巫婆之女徐奎妮訪金妮學仙被馬剛誘奸剛以二女爲僞后妃題其苟合之室曰佛門劉金妮稱馬剛相貌魁偉屢有夢兆將來富貴非常剛亦自負因此心生妄念戕官據城便可圖霸一方預先打造槍刀議定馬剛劉金妮等用黃衣帽劉傑等用紅衣帽其餘穿戴有差僞封劉傑爲軍師其餘授職有差臨時論功行賞戕官者封頭功會剛之服叔馬陸於正月初六日以反情札詰後馬陸疑爲剛所殺剛恐期遠生變遂決意速起不暇徧約僅糾附近四十餘人初七日晚會集劉傑家馬剛住城東上魚河莊徐巫婆住城外關廟後劉傑住城西馬連家子莊咸恐人少剛稱業已符召神兵相助無須多人各穿戴黃紅衣帽持腰刀於初八日丑刻以詐入城進西門出北門急奔文武兩署搶兵器放獄囚乘囚出而復回僅逸二人各官倉猝走匿時委官候補從九品呂公文山在縣署來雜提案官賊爲倫在營署誤以爲知縣千總皆殺之呂公欽奉恩旨賜卹家丁子祿亦同時被殺兩署內外走匿不及及居民早行者多被殺傷邑侯林公居署內西院聞變走匿賊直入正室于慶一番臥未起致傷手指皆斷媳梁氏起以身蔽其夫並受重傷手釧斷懷孕數墮一幼孫方週歲

僕婦王方氏以身護匿賊殺僕婦而不知有兒家丁劉昇李六楊升田福澄役張欽譚士齋劉瑞升姜其貞居民王起慈掌社士友韓悅富洪畢時皆被殺身死受傷者家丁陳森張春夏豐門軍高心得營卒徐天祉居民郭德陽縣署僕婦高氏傷赴縣丞典史署澂慢剛以為文武官皆亡逸據坐縣堂分遣其衆會紳民使從已擅陳紳門未開入劉紳宅內殺其僕單奎受傷四入已而紳兵不至而天又漸暗因自度人少不能壓衆不知且回再大舉復入乃散去於是邑侯林公士驗千戎王公英魁糾衆急追擒馬剛劉傑等三十餘人其餘挨冊擒獲悉置以法馬劉之初就擒也疑其黨來劫城城中皆夜驚官民協力守城衆心始安撫臺經公額布藩臺周公志聯臯臺李公署臯臺寶公清萊營參府首道憲府憲省委四員皆至濰格饒從犯馬開徐杜氏並自盡男婦二十名口內戮屍九犯馬剛被擒受傷忍餓不食撫軍於正月二十四日在濰請令凌遲處軍同省於三月初八日請命凌遲劉傑等七犯率首斬決劉虎等十犯擬斬梟徐詳等二十犯擬絞張思盛等一百七犯擬發回城為奴胡桂元等二十六犯被誘習教並未傳徒而又年逾六十擬改發雲貴兩廣極邊烟瘴地方充軍其被誘習教未成並不知教會名目者免其發配照例收贖此外病故之犯均毋庸議緣坐犯內馬逆等之子馬創兒馬安兒等五犯監禁俟成丁閹割發往新疆給官兵為奴各犯財產照例入官外有次要在逃未獲者十餘犯是時大獄方與其黨又互相陷害人心恟恐賴觀察吳公號仲選太守何公輝綬邑侯林公士驗委官徐公宗幹讓公號廉白華公玉坪崔公號受生判斷明允絕無株連濰人甚德之先是馬剛舉事之前一日李燦密赴縣首告門役疑為狂妄斥去之又赴紳士家求轉達紳士亦弗信嗚呼禍之將至人或不及覺察而天必因人以驚惕之氣消弭於未萌耳其如人之終不悟何鄉民仲賢張五陸永貴

陸永修查知馬剛謀逆未經首告杖一百流三千里登萊青道萊州府知府濰縣知縣縣丞典史萊州營參將濰縣汎千總外委俱以失察降級革職上命濰
臺酌保辦事人員徐宗幹諸公均得隨敘又無名氏記事
逆犯莊名馬良家子上阡河首犯逆馬剛左眼稱大朱染眉髮自稱異像以惑人因號漢栢帝數首劉杰妻周氏編造八卦歌詞劉逆女金妮描畫人獸畫寫
符篩自稱織女星下降凡從逆皆呼上仙其母周氏言初生之夕雷火繞室家人皆敬之又名敬妮隊名生有詩云此番織女因緣錯不嫁牛郎嫁馬郎逆犯
徐忻之姪女奎妮年十八歲訪金妮學仙被馬剛令奸問金妮如何輕害縣官金妮云詎料符召神兵不來也劉逆自稱昴星馬增等俱穿黃衣馬犯與各犯
婦荷合之室曰佛門上年彗星微見或即應此逆犯田鳳鳴譚兆京打造刀槍器械從犯劉應等僅十六七歲隨女犯入城免其死隨行外遣少婿譚徐氏皆
豔妝同逆犯馬剛等持刀拒敵千戎王英魁率兵勇並擒斃之賊黨開獄放犯出而復回逃逸二人犯閉有受傷者縣官林秋匿向居西院其子慶蕃臥正室
未起偽手指皆齊逆退出至縣丞典史武營各署搜擾搶掠秋匿子婦梁氏見賊入室起以身護其夫象受重傷手腕斷折懷孕幾墮秋匿只一幼孫方週歲
僕婦王方氏以身護逆賊疊砍耳背而去聞幼孩啼復回婦負痛以手掩其口賊退孫甦而婦死矣秋匿厚斂之委員呂文山因公至濰在西院同家丁于論
並死諸官設奠致祭欽奉恩旨賜恤官職蔭倫居民王根慈長韓曰富杜世友單奎家丁李錄劉升田龍楊升差役張欽謝士森劉瑞升蔡其貞皆被殺身死
受傷者家丁陳彪張春夏賓門軍高心德獄卒徐天池居民洪學士郭德揚縣僕婦高氏紳士劉姓宅內死者一人受傷者四人賊稱殺官者封頭功賊殺委

員誤詣縣官已死居民震恐狄匪親放火餘賊始散叡復挺身執戈而前罪人所得秋匯狀貌魁偉聲如洪鐘道遇匪羅畢邀無懼色署縣訪實體村觀察等

正月十二日先後剿辦經秋山中丞星夜經脩馳往十八日按臨在城紳士分率鄉勇巡防城市燈火不絕徹夜如晝馬逆被擒忍餓不食聞撫軍于正月十二

十四日請令正法弁兵剖其心大如盌分烹食之教犯者念真空家鄉無生父母囑勸我主等咒詛逆村舍焚毀一空逆李周自刎妻譚氏先將二子殺死全

家自縊死屍婦女自盡者時姓一家三人韓姓一家六人入教名為學好各犯分四批解省其餘寄監習教婦不知逆情者留縣監後發遣上月初旬積雪盜

尺二月十二日自濰返省時各犯起解途中復大雪賊勢不至蜿蜒餘匪不能熾遁亦天意也在濰時吳中丞觀察何恭坊太守招致山留濰協緝長慶金瑞

寶等十六人員劉道王得亮等七人口于三月初八日請命正法劉金娘年十九歲就縛絕無懼色觀者咸歎成病即在省淩遲而死秋匿發不願身兵勇百

姓見縣官未死同心禦匪此吾濰邑不至失守而保全也彼馬剛直犯縣署以要挾為名自西門入城既殺呂委員文山等稱讞遞事自

以事已成就大封燕初知縣林士發出而擊賊彼始謀竄至塔匪黨匠市為劉二九所執或云為鐵工孫某及商人陳某所執是案定後脅從死者僅七人餘

多省釋此鄉先覆所逮寶情與經額布奏摺不同

十八年戊戌大饑斗粟千五百文參安邱志秋九月給災民口糧山東通志

十九年己亥春大饑參安邱志三月得雨山東通志二十四日雨雹郭樹自娛軒詩草

二十年庚子冬十二月英人侵廣東奉諭沿海各處設防守禦山東通志

二十一年辛丑春正月二十六日大風雪自巳至申風勁雪急平地深數尺行路者多凍死是日嫁娶者或留婦家或望門投止無一得回者調查冊

二十二年壬寅冬十月十七日午刻鄉民因納糧與縣吏爭鬨知縣蘇文塏鎗斃一人死始散無名氏日記

二十三年癸卯夏四月節孝總坊工竣調查冊

二十四年甲辰重修文廟增塑有子朱子像魏森長文集秋無禾無名氏日記

二十五年乙巳春二月二十九日海嘯北臺底莊被淹夏六月大雨無名氏日記

二十六年丙午夏閏五月二十九日大風六月十三日地震秋八月設築城局魏森長文集二十三日城圮壓死九人無名氏日記

二十七年丁未修城工訖無名氏日記

文宗咸豐二年壬子冬十一月初六日地震（無名氏日記） 舉人楊玉相捐修考院於城內十字口東計東西考棚二十六間坐號千三百八十工始於是年二月至三年十二月落成費二萬緡具呈官府聲明不求議叙邑人德之（魏錫長文集 旭齋文鈔）

三年癸丑春太平軍沿江東下二月入江甯以爲天京遣丞相林鳳祥攻下沿江各城督辦山東團練杜翽奏派縣紳前江西巡撫陳阡分辦萊郡團練（清史紀事本末 山東通志） 三月地震（參安邱益都志）

四年甲寅夏五月初九日酉刻地震（無名氏日記） 六月大水（參安邱志）

五年乙卯辦團練造軍械（全團記）

六年丙辰夏旱秋蝗（無名氏日記）

八年戊午大疫（魏森長文集）

九年己未春二月地震（參益都安邱志） 大旱秋饑（參安邱昌邑志）

十年庚申秋八月初二日知縣張楷枝催起團防至九月規模粗定設團練總局於考院隅關共計十團東北隅曰信義西北隅曰力義東南隅曰由義西南隅曰成義東關曰公義西關曰和義南關曰喻義北關曰集義東北關曰仁義西南關曰志義六關團費由總局補助一千五百餘緡並其他軍械調查冊

十一年辛酉春太平天國燕王張宗禹等率軍五旗十餘萬人由濟甯而北二月入博山青石關焚周村及金嶺鎮二十一日入縣境西鄉團勇與戰於遠里莊團長舉人亓祈年戰敗大罵不屈死之二十二日黎明集義團勇方出隊即與敵遇信義力義成義三團繼之列陣接仗自寅至辰兩方力戰礮聲不絕互相殺傷敵將引去而後隊猝至衆寡不敵又衆武弁于某先退四團遂潰一時陣亡者領長二十六人鄉勇一百七十人傷擄者不計其數敗勇爭進城致北門擁塞不通當時壓死七人人心惶恐全城鼎沸幸賴三門早屯北門得閉敵知有備乃向東南而去一支自擂鼓

山南至張友家莊一支自玉清宮北至禹王臺莊聲勢浩大縱橫七十餘里縣境村落搜括殆徧而東南一帶被禍尤慘二十四日科爾沁親王僧格林沁所統明新李麟迅軍馬步三千人始來救援是日太平軍入安邱明李率軍至三十日乃南去秋八月太平軍黑旗隊復入境北鄉安固官亭兩莊往來焚掠蹂躪不堪攻禹王臺莊不克乃舍去僧軍追之莒州九月太平軍之未去者復燒寒亭牛埠等村又爲督辦登萊青團防傅振邦迫戰死三百餘人乃拔營西去守圍記東華錄濰城記事無名氏日記

張昭涵辛酉寨記事咸豐十一年秋七月朔內閣奉上諭侍郎杜翻奏本年二月間捻匪竄濰團總知府陳介眉訓導陳威鳳迎剿陣亡深堪憫惻陳介眉陳威鳳准其各於死事地方建立專祠並陣亡之武舉譚占元及千總銜武生陳執禰等十三員八品銜李壽培等十一員准其分別附祀以彰忠節欽此維時濰邑紳耆老莫不拜手稽首聞命感激至於泣下伏讀詔書所謂十三員者則千總銜武生陳執禰翰林院待詔銜劉鵬翥州同銜陳壽循縣丞銜胡文櫝從九品銜陳式智敍八品銜陳介封文生張樹屏文生張祥麟文生李士吉文生王巡甑文生王纕儒爵監生于允升武生徐元慶並附入陳介眉專祠所謂十一員者八品銜李銜培從九品銜陳桀秀從九品銜李頤齡廩生王聖符監生陳桀封監生陳亮

殺文生于春海文生陳立本文生諤相轅武生王安邦五品頂戴功牌文生陳大中並武舉譚占元附入陳威鳳專祠鳴乎忠魂烈魄於瑤永安皇天后士實鑒其心此皆死捻匪之難者也自咸豐初賊起兩粵踰嶺而北陷武昌下九江盤據安慶金陵閱且將八九年而捻匪又起而應之捻匪者起於山東之西南壤而踰河以南以徐州宿州為巢穴其始因地方多盜官府不能制民則結寨自圍寨有長間寨之民各書其姓氏家丁以獻於長長乃捻其所書而綴於籍一編成綴數百家其後遂不知有官府而競相吞并以自雄大漸熾漸熾而為一氣云今歲辛酉春二月捻匪竄犯至齊州濰戒嚴我騎出偵或云賊不過五六百騎或云賊飢且憊已為鄉勇所困盜賊蹂躪我也先是欽差大臣杜翰奉命督辦山東團練事徽州縣練勇以備非常於是濰縣知縣張楷枝推前任歸德府知府陳介眉為團練總長城內分四隅各立團長曰力義團曰陳執爾等董之曰信義團翰林院待詔丁彝龍董之曰成義團舉人張鶴董之曰由義團歲貢生郭鑾董之城外分六團曰忿義團陳威鳳董之曰公義團曰和義團曰喻義團曰仁義團曰忠義團某某董之賊氛日惡諸紳會議於書院會偵騎回述隊言信之惟郭鑾遂守桑皆主戰己卯賊掠濰西境至遠里莊舉人亓新年衣冠危坐大罵不屈死子姪婦女從死者數人陳威鳳陳執爾等率其本團勇迎賊於小于河及夕旋施城北天寒徵酒饗師夜五鼓銜枚前進陳於三里莊庚民昧爽敗義團副長劉鵬翕等帥勇從之城外勇皆至日甫出賊鳴鏑驚驍騎董地來搶戰旗幟不見其衆始知賊衆勢且強陳威鳳陳執爾麾勇前進破銃齊發賊小卻而賊騎忽分兩隊東西翔如雁翅然以圍我軍我軍以佛郎機連環擊之其勢愈洶涌西風驟起烟塵蔽目我軍已為賊困執爾短兵鏖戰蹀血深入左翻左手皆被重傷猶奮孤臂揮刃殺賊威鳳亦大呼謂其勇曰好男子適

死隨煬譚占元持大刀亂斫賊亦呼曰不死驕煬非夫也時陳知府在城曰勢急矣是非避實擊虛不爲功且我軍所恃者火器耳火藥盡我軍殆矣乃賣火藥率親兵提刀躍馬而去從閑道繞出賊後時賊衆我寡執爾威鳳占元已力戰死陳知府飛勇急進賊驚乃捨我殘軍以全勢迎之復戰於三里莊西我殘軍以主帥已沒奪路而逃不能夾攻故敗方陳知府之出也城上望見煙起紛驟賊聲破聲急還未知勝負遁出信義團勇爲策應軍南出即遇敗軍奔悶且戰且退幸城蓋巨破賊不敢逼乃扶懸門納焉是役也陳執藩等十三員李善培等十一員皆死之而力殲團勇死者二十九人城內西北隅勇也成義團勇死者二十五人城內西南隅勇也信義團勇死者十人城內東北隅勇也而所謂集義團者實北隅勇七十四人死之所謂公義團者實東隅勇五人死之所謂和義團者實西關勇四人死之所謂除義團者實南關勇四人死之又東北關勇死者十二人西南關勇死者七人所謂忠義團仁義團也通計鄉勇死者百七十人其鄉民死者甚衆壽無籍不可得而考惟東南隅由義團以不出獲全守故也戰方殷北關勇婦陳氏于春海之妻也居於家焚香祝天爲其夫新曰夫子好義不殺賊不還天其祐諸及因耗至遂欽如死而萊州營左哨千總某願司把總某曾不出戰倖而免君子曰殺身成仁士大夫難之茲百七十人者不讀書不講忠孝不廢軍餉不隸戎行不邀褒敍敍亦弗及徒以義憤塡膺賊未至則投石超距賊既至則髮衝眦裂捐軀殉國視死如歸姑及孔子所謂能執干戈以衛社稷者與隊介冠字叔卿性豪宕其守鎬德也能持劇賊及能宜歸不拘小節豪飲呼盧一鄉十萬至是力戰而死賊憤其背攻也亂刃交下身無完膚威鳳字吉人貌豐身胖夙有威冠初奉檄練勇人多遂巡催威鳳所轅里無匿戶戶無匿丁揀日大閱於白狼河之南沙翻鋭甲鮮纓馴帶紛馳步

伐技擊熱如圖轉其漸丁亦躍躍舉出麾下七歲童子敢燃巨礮人稱父子軍四隅六關舉會皆不及其精銳是年正月上元節威風幟師演劇於北關街東

隣王姓人往觀焉歸謂其父曰劇可不觀矣父叩其故曰兒恍惚見劇場千百人皆無頭以是心怦逃歸至是王姓亦及於難賊旣擄我軍游騎至東關咸由

北鄉而東不甚殺掠大隊之來悉中於東南殺以數千計傷以數萬計鳳凰山下尸橫血流幸已賊拔營南去然是役也賊氣已爲之挫故不敢久延湘境沿

路謂所掠人曰湘縣何如人寥寥一軍我輩幾爲所扼賊去陷安邱荼毒城中者六日喪從容辭飽返其穴自是東省築堡之議起矣

按力義聞黨係陳迪臨陳執旛係佐恐張文乃因執旛死事故云執旛等黨之張宗禹所布文告

朕大明太祖十七世孫也仰惟齊宮烟祚派出天潢百尊雄封支分宗國乃値國家不造社稷無靈寇氛熾焰以北來胡馬擣虛而南牧蒿目燕京歎山河之

頤改僞心朱姓痛骨肉之多殘二百年璽祖神宗血祀斬六七世皇孫帝子草野塵處脫用是椎心刺骨嘗膽枕戈閱獻元兇恨未親加斧鉞滿洲逆孽登

容久辱朝廷君父之深仇未報還世讎忘中華之故土依然崇朝克復況乎委靡墜敗貪蠹成風賦重民仇餉缺兵怨納款求成王章安在賣官鬻餉國體何

存乾坤之整理乏人祀綱之振興有待予小子敢告列祖祈祐皇天奮跡田閒集兵里下惟懲一德或孚且喜四方響應山林之逸士偕來聯難歷豹吠畝之

英雄並起雲飛從龍是以路糸謀突畢力綿甲兵嚴紀律祭旗命帥插血誓師桂水興戎之日大義昭天金田整旅之初勵聲勤勉然後衆宛厲鉞佈陣興兵

天討所加到處魃奔狼竄王師所指片時瓦解土崩踏平楚塞三千如入無人之境會破秦關百二應開納我之門良由天與人歸遂得長驅直下癸年兵月

駐蹕金陵百姓留鑾羣臣勸進恐違共戴之心勉紐艱難之業因受太祖嵩基即皇帝位元會鳳紀瑞協麟經濟濟蹌蹌朝儀復覩皇皇穆穆廟貌鼎新靈臺上將歎呼帝業之中興凌閣功臣恭祝天家之再造方今鴻謀經始發烈未終穆積山高軍閒日久髀裏肉生壯士頗思鞍馬手中技癢將軍欲試弓刀則日出師平江湖定山陝收閩粵復貴雲圖安西川風觀東嶽會兵於河洛之區肆伐乎幽燕之地惟是天下莫非王土黎民猶是周道路地攻城子婦之流離不少衝鋒後仗丁男之死喪尤多是以軍令三申首重殺人之戒捷書一到轉深失所之悲嗚呼乃祖乃父皆屬先朝之耆舊若孫若子仍爲我國之編氓投誠猶知忌器服痛何忍毀形爲此眷念兆姓頒告多方凡遇城邑通途關津要路老弱則裹糧暫避庶無悞觸之需靈少强則仗劍前驅且有攜家之雨露勿勤仇以爲虐性命徒戕須歸化而投誠身家自保迨夫海內削平中原恢復歸農能戰九州物阜民康偃武修文一代禮成樂備將見德威並著教養兼隆超邁同風君民一體共享太平之樂廣施覆載之恩民生永賴國祚無疆其各凜遵

穆宗同治元年壬戌夏六月蝗秋八月大疫參安邱昌邑志

二年癸亥廣學額增廣學額碑

五年丙寅冬無雪陳亞侯日記東關圩告成鄉土志

六年丁卯初太平天國天京被圍遵王賴文光軍漢中奉詔星夜馳援至中途天京

陷痛哭南向而拜乃與魯王任化邦軍合略山東時號南捻賴廣東嘉應州人賴后之族弟也山東巡撫閻敬銘河防嚴整勢不得渡會閻予告回籍繼任丁寶楨爲省費故多撤所防兵總兵王心安僅統兵數千駐劄河上是年夏五月賴任擊破之渡河而東志欲得登萊以圖恢復東行頗急大隊自縣北境過三日直渡濰水直隸提督劉銘傳等統兵來追悉出縣境供億蹂躪之苦不堪於是丁寶楨等統師數萬駐膠萊河西岸東岸築長堤自黃海迄渤海名爲困賊秋七月賴任回軍自昌邑濱海瓦城偷越勢猛甚總兵王心安力戰不能禦賴任復盡軍而西諸帥坐觀王敗不救會黃河水漲又返旆東來冬十月十四日大隊自西北繞城圩東南行騎隊在前步隊在後人馬絡繹如織任等乘八擡黃轎鼓樂前導扈從甚盛離城圩約二里許放馬於擂鼓山下未幾攻浮山圩不克乃西南出縣境十一月復還十二日劉銘傳追擊至禹王臺西壽光境戰幾二晝夜任等遂大敗郭翟莊一帶尸横四十里降者二一

千餘人二十三日又敗於渢河十二月初一日劉銘傳駐草廟莊荊氏園令殺降者凡兵所宿村堡尸橫載道血流成渠殺竟即統兵南追惟兵所獲婦女仍載之馬上而去任道爲閒諜所刺死其兵潰散略盡文光哭而葬之收集潰餘數千人自六塘趨揚州大雨水漲阻不得渡遂被執而死三五寇記守圍後記太平天國野史

七年戊辰春正月撤防同上

八年己巳春大旱夏五月十一日大雨雹冬無雪陳亞侯日記

十一年壬申夏五月初三日西鄉遠里莊一帶雨雹同上

十三年甲戌秋八月德意志人到縣遊歷同上

德宗光緒元年乙亥春痘疹痧症傷小兒甚衆夏五月修文廟秋七月初八日至初十日大風傷禾無名氏日記八月二十日雨雹調查冊冬十二月同知福潤爲沿海栽樹事來縣陳亞侯日記

二年丙子春正月副將林叢文來督植樹東西五十二里三步一株南北二步一株二十八日工訖（陳亞侯日記）大旱三月二十一日鄉城飢民聚縣署向知縣王德功乞食二十二日在玉清宮施錢每人三十文二十三日縣丞王積熙又施錢於玉淸宮每人二十文二十四日復向縣署乞食德功云我一窮官難爲一縣人作飯濰多紳富何不去討衆始散向陳介祺宅行乞勢洶洶日夕千總蕭崙至飭役鞭數人衆始去二十五日官紳在書院議定夏四月初一日設立飯廠五處大石橋北飯廠董事丁善寶鐵牛飯廠董事郭褒之西南關飯廠董事劉漶西關飯廠董事陳介祺北關西頭飯廠董事張仔施至五月初一日止糧價漲數次德功出示平價秋無禾冬十二月復設飯廠五處東關南北二飯廠董事丁善寶西關飯廠董事張仔北關飯廠董事郭褒之南關飯廠董事劉漶共同辦理紳商及上中戶皆出資助賑城隍廟飯廠則陳介祺出資施捨皆至三年夏五月初一日止鄉間貧民聞城中施飯扶老攜幼

絡繹而至廠規有牌者方能發給以是餓死者道路相望壯者散至四方不下數萬人十二月山東巡撫李元華奏准撥銀六千兩賑濟縣北境貧民 調查冊

三年丁丑春饑設粥廠四處陳介祺獨設擔粥局於書院設粥廠於城隍廟夏四月十七日大雨雹 同上

陳介祺答問擔粥廠章程書 光緒己卯冬邑人士以前施擔粥廠章程問余應之曰災已成而始救之古無此爲政也不得已而設廠粥亦非良法也章程何足云夫天災之行水旱爲大水則倘有高田倘生柴藁水涸倘可種植旱則滌滌山川赤地千里不稷不穡其凶太甚民生之所大畏也古聖人救荒之政今無可聞其備荒之政在經籍者惟禮王制篇冢宰制國用之言爲最要其曰耕三餘一年食耕九餘三年食耕三十年餘九年食夫有九年之食則雖堯九年之水湯七年之旱亦何所憂其曰雖有凶旱水溢民無菜色則無食流亡可知其曰五穀皆入然後制國用則以井田公田所入一分之穀數計之而天下之穀數四方之水旱豐年可知其曰量入以爲出則自天子以至於庶人皆量其穀之所入以爲出其用之有節制可知又何須災已成而始救之乎三代以後堯舜孔孟不作無有備之政無外王之學天災流行民命殄矣朱子出而始創社倉之法以弭無備之患利徼心苦事倍功半至今無以踰之下此則惟施粥耳夫天地蓄人之大不能入人而食之也使之能自足食而已不能自耕其土地也饑至而人歸之人至而土

歸之有德此有人有人此有土而已旱災之大百姓所最急者莫大於有田而無食爲之上者轉使其民不死不散地不荒不厲因勢導之亦爲大於使之有
田即有食而已有田而無食則先需衣物田具耕畜以求食再需田需屋以求食再需妻子以求食其少有路費者再透他方以求食至於田荒人鬻而大利
轄農之本無矣邊間財賦乎固本之計發帑之始即須先及此貸以錢而貸其地地之直以其人口與耕畜之食可至來年春夏收種爲定以秋收後或次年
秋收後交還贖地爲期以一分爲息力不足者先交一半餘半再展一年仍加一分息必使人與田與田具耕畜俱存爲要則收成之後發帑仍可歸還財賦
仍可接徵費各過重則一府接濟一邑一省接濟一府數省接濟一省再不足則節天下之用給之如此重大猶不敷古制三年之蓄不過保息實稽爲邦本
之計儲於帑項虛糜耳其無田之土工商無力自活者則不能不用施粥之法矣施粥之弊一患保甲久不實行戶口無日可濟餓者計日而斃宜使速濟而
實一患糧米不足宜廣開運道招徠商販免其關稅增其價值使速而且多且患錢少不能買米宜帑升平糶一患聚食粥廠不能他營奔走露處擁擠蒸疫
宜使速領速散而不少留欲不少留則莫如燴粥矣燴粥須用插筋不倒米中加豆熱厚粥使可耐飢燴粥可贍粥戶燴多可合粥戶燴夫分粥易於隨到隨
領買粥可省設廠煮粥一切費用弊病司事者不過事事時時粥親昔粥冷熱厚薄驗粥多少有無攙雜壞米黏粉灰毒藥人諸弊及不使停留擁擠蒸爲癘
挨踐踏偽攜奸拐騙賣還失偷竊冒領爭領搶奪鬪毆而已嗚呼今日大吏無不知積穀之善矣小民不能奉行者良由取隙食農不能如甫田之鳥不出故
則必竊不償新則必竭既無德以化之又無致以維之而於凶旱之至徒斤斤踞求公正保人切實保狀逐戶親察以求實給戶口牌以稽領數標按日牌以

防重領設火印竹木二領粥籤以防僞造易備眾領粥籤以便次日再領以便照價粥廠築臺以便閱廠冬北春南作棚以避雨雪及日曬汗蒸氣立門以便稽出入設欄以分內外分男女廠以示有別設局立簿收保發牌發籤而不發粥在廠發粥於欄內每日驗戶口牌查問領粥人令說住址丁口姓名年歲人數粥數不必全到隨按日牌於本日上分記圈點執事人在內接籤並接粥器發粥器並發循環籤隨領隨出不許在廠內食粥兵役彈壓不許接索籤粥人觀器人無牌者一名入廠以擾領戶而滋事端穀將登則易粥爲糧十日一領以便農事如是焉而已是謀之至下者也自問疚心無以對宗族鄉黨之轉溝壑者甚矣何章程之足云

六月荷蘭欽公使助賑銀三百兩陳亞侯日記秋大有年調查冊

四年戊寅有年同上

六年庚辰夏四月西城圮五月初十日大雨雹秋九月二十一日大風晝晦同上

七年辛巳秋七月十四日大雨濰水決漂沒人畜無算水道西移蚜蝻生同上

八年壬午夏六月美利堅人狄樂博買地於城東南之李家莊計五畝五分每畝京錢二百五十千次年建築教堂同上

九年癸未冬十月初九日東北城圮死九人上同

十年甲申辦團練上同

十四年戊子夏五月初四日申刻地震秋大雨自六月三十日起連綿十三晝夜劉煥然紀難碑七月初三日諸河皆溢淹斃人畜甚夥大疫冬富郭莊鹽店被焚調查冊

十五年己丑灤河水漲下流村舍多漂沒劉煥然碑縣境缺糧城中施粥於大石橋鐵牛西關北關設粥廠四處無名氏日記冬十月二十一日榜午寒亭鎮雲臺崩時正演劇壓死八十餘人調查冊

十六年庚寅春二月隕霜殺麥不成災夏五月大雨調查冊

十七年辛卯春三月十五日隕霜殺麥麥復生有年上同

十八年壬辰夏六月蝗李明書作亂旋伏誅明書小字高登聚衆百餘人於太公堂日事劫擄知縣淩紱增庸愚無能畏賊如虎賊有入城偵察者擬劫獄起事直至縣

署被獲二人事乃洩巡撫福潤派嵩武軍驍武前營總兵李福雲等統兵來縣彈壓撤淩任以楊耀林代未幾知府彭念宸會同安邱昌邑諸城兵役拏獲明書等於諸城之臭漆園解濰正法計二十一名餘盡逃逸事平調查冊檔案

二十年甲午中日戰事起巡撫李秉衡奉命防海過縣赴烟臺設糧臺礮廠於濰縣調查冊

二十一年乙未春日本陷威海衛李秉衡自烟臺退守掖縣濰縣戒嚴同上

二十四年戊戌豆生紅蟲食粒數年不息調查冊

二十五年己亥德人於二十三年獲得山東築路採礦權至是在坊子南二千米突穿鑿炭坑始建膠濟鐵路至縣境內掘毀墳墓無算夏四月二十二日雨雹秋螟生建立營房於于家莊西同上陳阜捐建考院號舍十四楹碑記

二十六年庚子夏五月二十九日晚匪焚李家莊樂道院焚死教民朱東光劉作哲

二人樓房四十二間瓦房一百三十六間六月初一日大雨雹東鄉菜園一帶大風拔木初六日匪焚坊子礦局德人草房七間美國教士才法廉狄考文德國鐵路礦務各工師白倫克葛勒梅等均避居青島辦團練（冊調查）

二十七年辛丑夏四月初三日大風釐金局被毀秋七月初二日罷市（同上）

二十八年壬寅秋七月大疫（同上）

二十九年癸卯夏四月十九日旱大風樹木盡折雀巢皆墜（西園日記）縣丞移駐南流秋大風雨雹（冊調查）

三十年甲辰是年濰縣與濟南周村同時開放爲商埠濰地閉塞迄未實行（同上）

外務部議覆直督袁奏開濟南商埠摺

奏爲遵旨議覆恭摺仰祈聖鑒事竊臣部於光緒三十年三月十九日准軍機處鈔交北洋大臣袁世凱等奏爲查明山東內地現在鐵道暢行擬請添開商埠以濬利源一摺本日奉硃批外務部議奏欽此查原奏內稱山東沿海通商口岸向只烟台一處自德國議租膠澳以後青島興造鐵路現已通至濟南省城轉瞬開辦津鎮鐵路將與膠濟之路相接濟南爲南北兩路樞紐商貨轉輸較便

擬在濟南城外自開口岸以期中外咸受利益至省城迤東之濰縣及長山縣所屬之周村皆爲商賈薈萃之區又爲膠濟鐵路必經之道擬將濰縣周村一併開作商埠作爲濟南分關統歸濟南商埠案內辦理等語臣等查泰西各國最重商務每多開闢口岸以便彼此通商而爲主國者得以設關權稅即於籌餉之道亦屬有裨直隸之秦王島福建之三都澳湖南之岳州於光緒二十四年間經總理各國事務衙門奏請自開商埠奉旨允准在案上年商約大臣呂海寰等條奏廣開商埠於七月間經臣部議覆應由各省督撫詳細查勘如有形勢扼要商賈薈萃可以自開口岸之處隨時奏明辦理奉旨依議欽此通咨各直省亦在案今北洋大臣等以山東濟南城外爲膠濟津鎮兩鐵路交接之區地勢既爲扼要商貨轉運自屬便利擬在濟南城外自開通商口岸實於中外咸受利益核與秦王島三都澳岳州自開商埠成案相符其所請省城迤東之濰縣及長山縣所屬之周村一併開通商埠作爲濟南分關自係爲通貨便商起見均應如該大臣等所奏辦理如蒙俞允即由臣部照會駐京各國使臣查照並咨行北洋大臣等預備一切事宜參酌章程定期開關妥爲籌辦並札飭總稅務司欽遵辦理所有議覆山東濟南等處請開商埠緣由理合恭摺覆陳伏乞皇太后皇上聖鑒謹奏

三十三年丁未修鄉土志設局於書院 同上

宣統元年己酉夏四月初一日始舉行選舉 養靜軒日記 大水 調查冊

二年庚戌夏五月初立籌備地方自治公所知縣楊承澤擬收沙灘小販捐商民罷

市同上

三年辛亥春正月初一日大雨自去歲除夕雨一夜不止秋七月初八日大雨西城北城圮冬十月初七日南城圮設平糶局十二月初六日設團防局初設電話自西大營至縣署與團防局同上

濰縣志卷三終

【道光】重修膠州志

（清）張同聲修　（清）李圖等纂

清道光二十五年（1845）刻本

祥異記序

祥異之志始於劉向洪範五行傳史家宗其說以爲志地志家法其義而改名祥異不復及五行之應葢藏筆出於下位不欲以休咎之占濫民聽也祥者物之朕兆兼吉凶言之是以正史有青祥赤祥不専爲瑞兆異者事殊常理則謹而識之葢孔子所不言不必爲吉凶也府志有災祥類州舊志則雜災祥於大事記中葢祥偏主瑞兆而災不足以概異且兼及日星之變非一邑所専於損益之規猶有未盡兹因府志及州舊志大事記中所書僣星日之變更題曰祥異續以近聞皆本在官案牘不臚野史之言義求其

可信也其唐宋以前五行志所載大抵書州郡特記一邑者鮮魏書唐書山東則指大行以東言非特齊地也舊志所記饑旱有年之類皆本省志府志所録統同之言或書地或削地不書非史法也以天災流行所及者廣輔車所依爲民上者皆當覽而知警不必專於一城一邑故仍而存之元明以來則專記一邑之言讀者當分覽之

壬辰　秦二世元年秋七月琅邪大霖雨

壬戌　漢文帝元年夏四月地震

辛亥　宣帝本始四年夏四月琅邪郡地震

甲戌　元帝初元二年夏六月齊地饑琅邪郡人相食

甲申 建昭二年冬雪深五尺

丙午 東漢光武帝建武二十二年蝗

戊申 安帝永初二年青州大饑人相食

癸亥 靈帝光和六年大有年冬大寒井中冰

戊子 晉武帝泰始四年秋九月青州大水

乙未 咸寧元年秋九月青州螟

丁酉 三年秋九月青州大水

辛丑 太康二年夏五月青州雹傷麥

己巳 六年春三月青州旱

乙卯 惠帝元康五年夏六月城陽大水殺人

辛酉　永寧元年青州自夏及秋旱

戊寅　大興元年秋八月青州蝗食生草盡至於次年

辛卯　宋文帝元嘉二十八年大水

乙丑　後魏孝文帝太和九年夏四月隕霜

己卯　二十三年夏六月大水

庚辰　宣武帝景明元年夏蝗蝻害稼秋七月大水

庚申　隋文帝開皇二十年冬十一月地震

己巳　煬帝大業五年饑

庚午　六年秋大水

丁亥　唐太宗貞觀元年夏大旱

庚寅 四年大有年

甲午 八年秋七月大水

乙卯 高宗永徽六年秋大水害稼

庚申 顯慶五年大稔

戊辰 總章元年旱饑

丙子 上元三年秋大水

戊申 中宗景龍三年大水

乙卯 元宗開元三年大蝗

丙辰 四年蝗食稼聲如風雨

癸亥 十一年大風雨海溢

壬午丙申丙午辛亥丙辰丁巳乙未壬辰戊子乙未

宋太宗太平興國七年春旱秋大水害稼

至道二年夏六月蝗食生苗

眞宗景德三年蝗蝻生

大中祥符四年秋七月蝗

九年夏六月蝗

天禧元年春二月蝗蝻生

三年大水

皇祐四年大旱自正月至四月不雨

元世祖至元十八年夏蝗

二十五年大水饑民採橡爲食

戊申 武宗至大元年夏五月蝝

辛酉 英宗至治元年夏五月饑

丁卯 泰定帝泰定四年冬十二月蝗

庚午 文宗至順元年春二月饑

辛未 二年春饑

己卯 順宗至元五年饑

癸未 至正三年冬十二月地震

甲申 四年夏旱

丙戌 六年春二月地震

丁亥 七年春二月地震

戊子　八年夏六月大水

己丑　九年春大饑人相食

戊戌　十八年夏蝗

己亥　十九年夏五月蝗　五行志自大都以南山東西至汴梁鄭許鈞等州皆蝗食禾稼草木俱盡所至蔽日礙人馬不能行塡坑塹皆盈民捕蝗以爲食或曝乾而食之又蓄則人相食

壬寅　二十二年夏六月蚜蚄生害稼

癸卯　二十三年秋七月大水

甲寅　明太祖洪武七年秋八月膠河水溢

庚午　二十三年山東大水

庚寅　憲宗成化六年大饑

丁巳　孝宗宏治十年饑

己未　十二年秋大熟

己亥　世宗嘉靖十八年大饑

己巳　穆宗隆慶三年大水饑

戊午　神宗萬歷十六年夏大旱蝗蝻害稼

癸巳　二十一年春旱秋大雨渰沒民居殆盡衛志春旱夏大風雨拔木傷禾雨自五月至八月不止城垣樓鋪傾圮殆盡

甲午　二十二年大饑海水溢禾稼一空

庚子　二十八年秋大雨雹

甲辰　三十二年夏大水渰禾

壬子癸丑甲寅乙卯乙丑己巳庚辰壬午甲申

四十年大有年

四十一年秋七月烈風淫雨數日拔木渰禾

四十二年大水傷稼

四十三年夏大旱有蝗虸蚄復起禾稼盡大饑人相食秋大疫

熹宗天啟五年夏蝗秋七月大水

莊烈帝崇禎二年夏六月二十三日晴晝聲震如雷

十三年沙雞遍天夏旱蝗秋大饑斗粟銀五錢人相食

十五年大有年

十七年春正月朔大風霾晝晦

國朝

順治元年夏不雨秋九月雪

五年冬十二月十六日夜空中聲如雷

七年夏旱秋大水平地深數尺壞寅賓門外大石橋

八年州署災前後燬燼本府志未詳月日冬十二月二十八日雷

九年春三月二十四日霜夏五月初三日雨雹大如鴨卵平地深尺餘禾盡傷

十一年春正月二十三日大風其色赤

十三年冬大雪人畜多凍死

十五年有黑蟲晝伏土中夜聚鳴如雷食樹葉幾盡次年復然

十六年夏雨雹秋淫雨四十餘日壞州城沒民廬舍禾盡傷大饑

庚子　十七年夏四月初一日雨黃雨沾衣盡黃

辛丑　十八年夏六月十一日空中響如萬馬奔騰經夜不絕次夜復然

乙巳　康熙四年大旱饑

戊申　七年夏六月十七日地震大雷雨壞城垣廟署民居壓死九十餘人

庚戌　九年冬大雪奇寒樹木多凍死

乙卯　十四年夏四月十七日隕霜殺麥

戊午　十七年秋七月大雨傷禾饑

己未　十八年旱饑

癸未　四十二年沙雞過淫雨害稼

甲申　四十三年春大饑人相食秋大疫有蝗自北結陣而南所止疫作全家没部落成墟後投海死潮出成堆

戊戌　五十七年秋七月大風拔木

己亥　五十八年秋七月大水平地深丈餘城垣崩圮漂没民舍無算饑

庚子　五十九年春大饑斗粟千錢夏蝗

癸卯　雍正元年春三月大風霾

乙巳　三年春饑

庚戌　八年秋淫雨自六月至七月河水瀑漲傷禾

辛亥　九年饑

丙寅　乾隆十一年夏淫雨害稼秋饑

丁卯　十二年春旱秋七月大風害稼海水溢大饑冬狼食人十月朔雷

戊辰　十三年春三月蝗蝻夏大疫大水沒田禾饑（連歲饑斗粟銀一兩一錢人民流散）秋海大魚出長數丈冬狼食人白晝入城

庚午　十五年春大饑三月雪河水冰桃李花落夏大疫五月雨雹冬十月朔雷

庚子　四十五年監生張鈜年百歲

乙巳　五十年秋歉

丙午　五十一年大饑秋大疫

丁未　五十二年夏有麥

戊申　五十三年夏六月初九日夜大雷雨河水漲沒廬舍溺死多人

甲寅 五十九年大饑

丙辰 嘉慶元年紀劉氏年八十四歲五世同堂歲貢生紀岳之母欽賜銀緞額坤貞衍瑞四字

辛酉 六年春正月初九日大風

壬戌 七年春正月大雪

癸亥 八年春正月大雪二十一次

丁卯 十二年春旱二月十七日大風至十九日止損民居秋七月大風害稼海水溢巨魚見靈山島

庚午 十五年春正月十六日紅塵蔽天至酉刻息秋八月初四日大水害稼

辛未　十六年夏大旱饑歲貢生張克寬妻王氏年百有二歲

壬申　十七年春大疫夏淫雨害稼大饑

甲戌　十九年周熙文妻王氏年百歲五世同堂張冷氏年九十六歲五世同堂

乙亥　二十年武舉周大詔妻蔡氏年百有二歲（事詳貞節邢氏傳）高攀銳妻崔氏年百歲五世同堂

丙子　二十一年春三月二十三日大霜傷稼長子縣知縣紀在譜妻杜氏年百歲（道光五年卒百有九歲）

丁丑　二十二年春二月二十七日大風其色黑飛沙石人畜有吹入海者監生傅珩年七十九歲五世同堂

戊寅 二十三年秋淫雨害稼

己卯 二十四年夏大雨水損民居

辛巳 道光元年夏五月十九日雨雹六月寒秋七月瘟疫盛行死亡相繼至次年方止

壬午 二年冬王繡隆妻史氏一產三男官給銀四兩穀一石

戊子 八年秋七月初九日大雨河水溢損民居

己丑 九年秋狼食人冬十月二十三日地震監生匡域妻鞠氏年百歲

庚寅 十年李元聚妻趙氏年百歲

壬辰 十二年夏四月初一日隕霜微冰損麥秋七月大疫八月淫雨害稼二十二日河水溢

癸巳　十三年歲貢生傅松齡年七十一歲重逢五世同堂松齡珩子

甲午　十四年夏五月十二日有風自西南至色亦熱如火人畜有感暍死者

乙未　十五年夏五月淫雨秋大水傷稼大饑綦風損海舟雷用極妻趙氏年百有一歲

丙申　十六年春大饑道殣相望秋七月初五日大風拔木冬大疫

丁酉　十七年大旱自五月至七月不雨秋九月蝗蝻生

戊戌　十八年王學洙妻高氏年九十歲五世同堂

己亥　十九年春久陰害麥夏五月二十六日風雨城東羅家郝疃一龍鬭甲皆見壞田禾數十畝迴旋復一龍引之而升秋七月淫雨損

民居附貢生王英剛年百歲
二十年春旱蝗秋淫雨損禾
二十一年春正月二十六日大風霾飛沙成堆屋瓦交飛行人多凍死夏六月雨雹秋大熟
二十二年夏四月淫雨損麥十三日小珠山大雨雹秋有年
二十三年春三月膠西書院災正樓及配樓皆燬冬癘氣盛行傷童幼甚多
二十四年春夏多雨損麥冬十二月二十八日夜子刻雷電
二十五年夏有麥北鄙蝗不傷稼秋大熟李正仁妻唐氏年百有三歲五世同堂監生孫廷連妻王氏年百歲

丙午　二十六年姜廷璸年八十七歲五世同堂

葉鍾英修　匡超纂

【民國】增修膠志

民國二十年（1931）鉛印本

增修膠志卷五十三　祥異

祥異序

前志記祥異謂皆本官書參攷不臚野史之言義求其信其論當矣夫祥者物之朕兆兼乎吉凶而言異者事殊常理令人不可揣識當其發現之初而必欲穿鑿附會強求證應適以惑民之聽也茲援前志之例仍題曰祥異並採省志通紀及高密志雜稽中所書凡祥異之關於茲土者皆補入之亦使一邑之人知天道遠人道邇惟盡力於人道之當然以求合於天道而不必於冥冥之中妄加推測也是則祥異之記之所以矜慎不苟者耳

秦二世元年秋七月琅邪大霖雨

漢文帝元年夏四月地震

膠縣大同印刷社排印

辛亥 宣帝本始四年夏四月琅邪郡地震壞城郭殺六千餘人 王克鋐補注

甲戌 元帝初元二年夏六月齊地饑琅邪郡人相食

甲申 建昭二年冬雪深五尺

丙午 東漢光武帝建武二十二年蝗

戊申 安帝永初二年青州大饑人相食

癸亥 靈帝光和六年大有年冬大寒井中冰

戊子 晉武帝太始四年秋九月青州大水

乙未 咸寧元年秋九月青州螟

丁酉 三年秋九月青州大水

辛丑 太康二年夏五月青州雹傷麥

乙巳 六年春三月青州旱

乙卯　惠帝元康五年夏六月城陽大水殺人

辛酉　永寧元年青州自夏及秋旱

戊寅　元帝大興元年秋八月青州蝗食生草盡至於次年

辛卯　宋文帝元嘉二十八年大水以上舊志

丙辰　宋主昱元徽四年大風雹

乙丑　後魏孝文帝太和九年夏四月隕霜舊志

己卯　二十三年夏六月大水

庚辰　宣武帝景明元年夏蚜蚄害稼秋七月大水以上舊志

戊寅　齊文宣帝天保九年山東大旱蝗

甲申　武成帝河清三年秋大水

丁亥　天統三年秋大水饑

庚申 隋文帝開皇二十年冬十一月地震前志

己巳 煬帝大業五年饑

庚午 六年秋大水以上前志

壬申 八年大旱蝗疫

丁亥 唐太宗貞觀元年夏大旱前志

庚寅 四年大有年

甲午 八年秋七月大水

乙卯 高宗永徽六年秋大水害稼

庚申 顯慶五年大稔

戊辰 總章元年旱饑

丙子 上元三年秋大水以上前志

壬午 永淳元年秋大水饑

戊申 中宗景龍三年大水前志

乙卯 玄宗開元三年大蝗

丙辰 四年蝗食稼聲如風雨

癸亥 十一年大風雨海溢按通志開元十一年無此以上前志

癸丑 代宗永泰八年大有年

丙申 憲宗元和十一年夏六月密州大風雨海溢毀城郭

壬午 宋太宗太平興國七年春旱秋大水害稼前志

丙申 至道二年夏六月蝗食生苗

丙午 眞宗景德三年蝗蝻生

辛亥 大中祥符四年秋七月蝗

膠縣大同印刷社排印

丙辰 九年夏六月蝗

丁巳 天禧元年春二月蝗蝻生

乙未 三年大水

壬辰 仁宗皇祐四年大旱自正月至四月不雨以上前志

壬戌 金熙宗皇統二年秋大熟

丁丑 正隆二年秋蝗

丙申 金世宗大定十六年蝗

庚午 金主永濟大安三年夏四月大旱六月雨復不止地震累月是歲

大饑

辛未 四年春二月大旱

壬申 崇慶元年春三月大旱

辛卯　元世祖至元四年蝗

己巳　六年蝗

庚午　七年秋七月旱蝗

戊子　十八年夏蝗前志

乙未　二十五年大水饑民採橡爲食

戊申　武宗至大元年大饑夏五月蝝

辛酉　英宗至治元年夏五月饑

丁卯　泰定帝泰定四年冬十二月蝗

庚午　文宗至順元年春二月饑

辛未　二年春饑

己卯　順帝至元五年饑

膠縣大同印刷社排印

癸未 至正三年冬十二月地震

甲申 四年夏旱

丙戌 六年春二月地震

丁亥 七年春二月地震以上前志

戊子 八年夏六月大水秋八月雨雹通志只云大水前志

己丑 九年春大饑人相食前志

戊戌 十八年夏五月地震前志云夏蝗

己亥 十九年夏五月蝗五行志自大都以南山東西至汴梁鄭許鈞等州皆蝗食禾稼草木俱盡所至蔽日礙人馬不能行塡坑塹皆盈民捕蝗以爲食或曝乾而食之又罄則人相食前志

壬寅 二十二年夏六月虸蚄生害稼

癸卯 二十三年秋七月大水以上前志

丁未 二十七年夏五月地震

壬子 明太祖洪武五月夏旱蝗

癸丑 六年秋七月蝗

甲寅 七年秋八月膠河水溢前志

乙卯 八年秋七月山東大水

庚午 二十三年春正月地震是歲大水前志只云大水茲據王克扶註補入

壬申 二十五年山東洊饑

癸未 成祖永樂元年夏五月蝗秋八月饑

壬辰 十年夏四月山東蝗傷稼饑

乙未 十三年夏六月水溢壞廬舍沒田禾

庚子 十八年大饑

壬寅 二十年夏六月山東霪雨傷稼

丙辰 英宗正統元年夏閏六月山東霪雨傷稼

丁巳 二年夏四月蝗

壬戌 七年夏四月旱蝗

乙丑 十年山東饑

庚午 景帝景泰元年山東旱

甲戌 五年山東旱

乙亥 六年山東饑

丙子 七年秋七月大水是歲又饑

戊子 憲宗成化四年夏五月山東無麥

庚寅 六年大饑 通志

辛卯 七年秋閏九月山東海溢

癸巳 九年大饑秋八月旱蝗旋大水

甲辰 二十年大旱

乙巳 二十一年山東饑

丁未 二十三年山東饑

癸丑 孝宗宏治六年夏四月旱饑

丁巳 十年秋九月大水前志云十年饑

己未 十二年秋大熟前志

辛酉 十四年夏五月雨雹殺禾

癸亥 十六年山東饑

丁丑 武宗正德十二年秋九月地震

膠縣大同印刷社排印

癸未 世宗嘉靖二年春正月地震夏秋間大水

甲申 三年春正月地震是歲山東旱

乙酉 四年秋九月大疫

己丑 八年山東饑

甲子 四十三年大饑

己巳 穆宗隆慶三年夏閏六月旱蝗 前志云大水饑

辛未 五年冬十月大水

戊子 神宗萬曆十六年夏大旱疫虸蚄害稼 前志

庚寅 十八年春三月大風霾

癸巳 二十一年春旱秋大雨淹沒民田殆盡 衛志春旱夏大風雨拔木偃禾雨自五月至八月不止城門樓舖傾圮殆盡前志

甲午 二十二年大饑海水溢禾稼一空前志

庚子 二十八年夏六月大風雹通志前志云秋大雨雹

辛丑 二十九年夏五月大旱

甲辰 三十二年夏大水渰禾前志

丁未 三十五年冬十月旱饑

己酉 三十七年秋九月旱

壬子 四十年大有年前志

癸丑 四十一年秋七月烈風淫雨數日拔木渰禾八月大水

甲寅 四十二年大水傷稼

乙卯 四十三年夏大旱有蝗蚜蚄復起禾稼盡人相食秋大疫以上前志

丙辰 四十四年夏四月蝗復大饑

膠縣大同印刷社排印

乙丑	熹宗天啓五年夏蝗秋七月大水 前志
丙寅	六年夏六月旱蝗
己巳	莊烈帝崇禎二年夏六月二十三日晴晝聲震如雷 前志
庚午	三年大水
丁丑	十年夏六月蝗民大饑秋七月天雨血
戊寅	十一年夏六月大旱蝗
己卯	十二年夏六月旱蝗
庚辰	十三年夏五月大旱蝗冬十二月大饑人相食 前志云沙羅偏天夏旱蝗秋大饑斗粟錢五錢人相食
辛巳	十四年夏六月大旱蝗洊饑
壬午	十五年大有年 前志

甲申 十七年春正月朔大風霾晝晦夏六月十一日連夜空中響如萬馬奔騰見府志

甲申 清世祖順治元年夏不雨秋九月雪

戊子 五年冬十二月十六日夜空中聲如雷火光燭天前志只云夜空中聲如雷

庚寅 七年夏旱秋大水平地深數尺壞南門外大石橋

辛卯 八年州署災前後燬燼本府志未詳月日 冬十二月二十八日雷

壬辰 九年春三月二十四日霜夏五月初三日雨雹大如鴨卵平地深尺餘禾盡傷

甲午 十一年春正月二十三日大風其色赤

丙申 十三年冬大雪人畜多凍死

戊戌 十五年有黑蟲晝伏土中夜聚鳴如雷食樹葉幾盡次年復然

膠縣大同印刷社承印

己亥 十六年夏雨雹秋淫雨四十餘日壞州城沒民廬舍禾盡傷大饑

庚子 十七年夏四月初一日雨黃雨沾衣盡黃

辛丑 十八年夏六月十一日空中響如萬馬奔騰經夜不絕次夜復然

乙巳 聖祖康熙四年大旱饑

戊申 七年夏六月十七日地震大雷雨壞城垣廟署民居壓死九十餘人

庚戌 九年冬大雪奇寒樹木多凍死

乙卯 十四年夏四月十七日隕霜殺麥

十七年秋七月大雨傷不饑

十八年旱饑

四十二年沙雞過淫雨害稼

甲申 四十三年春大饑人相食秋大疫有蝎自北結陣而南所至疫作全家沒村落成墟後投海死蝎出成堆

戊戌 五十七年秋七月大風拔木

己亥 五十八年秋七月大水平地深丈餘城垣崩圮漂沒民舍無算饑

以上前志

庚子 五十九年春大饑斗粟千錢夏蝗冬無雪前志云春大饑斗粟千錢夏蝗

辛丑 六十年大旱

壬寅 六十一年大旱無麥

癸卯 世宗雍正元年春三月大風霾前志

乙巳 三年春饑前志

己酉 七年冬沙雞來

膠縣大同印刷社排印

庚戌 八年秋淫雨自六月至七月河水瀑漲傷禾（府志）

辛亥 九年饑

丙寅 高宗乾隆十一年夏淫雨害稼秋饑

丁卯 十二年春旱秋七月大風害稼海水溢大饑冬狼食人十月朔雷

戊辰 十三年春三月蝗蝻夏大疫大水沒田禾饑（連歲歉斗粟銀一兩一錢人民流徙）秋海大魚出長數丈冬狼食人白晝入城

庚午 十五年春大饑三月雪河水冰桃李花落夏大疫五月雨雹冬十月朔雷（以上府志）

戊子 三十三年春二月大風攫人有被吹至數里外者訛言截髮地生毛

庚寅 三十五年蝗

庚子 四十五年監生張鉞年百歲 前志

癸卯 四十八年夏四月旱

乙巳 五十年秋歉 前志

丙午 五十一年大饑秋大疫

丁未 五十二年夏有麥

戊申 五十三年夏六月初九日夜大雷雨河水漲沒廬舍溺死多人 以上 前志

己酉 五十四年夏秋淫雨害稼連綿近六十日冬十二月十一日雪後電雷

庚戌 五十五年春三月隕霜殺麥

甲寅 五十九年大饑 前志

鄢縣大同印刷社排印

丙辰　仁宗嘉慶元年紀劉氏年八十四歲五世同堂歲貢生紀岳之母敕賜銀緞額坤貞衍瑞四字

辛酉　六年春正月初九日大風

壬戌　七年春正月大雪

癸亥　八年春正月大雪二十一次

丁卯　十二年春旱二月十七日大風至十九日止損民居秋七月大風害稼海水溢巨魚見靈山島

庚午　十五年春正月十六日紅塵蔽天至酉刻息秋八月初四日大水害稼

辛未　十六年夏大旱饑歲貢生張克寬妻年百有二歲

壬申　十七年春大疫淫雨害稼大饑

甲戌　乙亥　丙子　丁丑　戊寅　己卯　辛巳

十九年周熙文妻王氏年百歲五世同堂張冷氏年九十六歲五世同堂

二十年武舉周大詔妻蔡氏年百有二歲（事詳貞節列氏傳）高擎銳妻崔氏年百歲五世同堂

二十一年春三月二十三日大霜傷稼長子縣知縣紀在譜妻杜氏年百歲（道光五年卒百有九歲）

二十二年春二月二十七日大風其色黑飛沙石人畜有吹入海者監生傅珩年七十九歲五世同堂

二十三年秋淫雨害稼

二十四年夏大雨水損民居

宣宗道光元年夏五月十九日雨雹六月寒秋七月瘴癘盛行死

亡相繼至次年方止

壬午 二年冬王繡隆妻史氏一産三男官賜銀四兩緞一疋

戊子 八年秋七月初九日大雨河水溢損民居

己丑 九年秋狼食人冬十月二十三日地震監生匡域妻鞠氏年百歲

庚寅 十年李元聚妻趙氏年百歲

壬辰 十二年夏四月初一日隕霜微冰損麥秋七月大疫八月淫雨害稼二十二日河水溢

癸巳 十三年歲貢生傅松齡年七十一歲重逢五世同堂松齡子珩

甲午 十四年夏五月十二日有風自西南至色赤熱如火人畜有感暍死者

乙未 十五年夏五月淫雨秋大水傷稼大饑暴風損海舟雷用極妻趙

氏年百有一歲

丙申 十六年春大饑道殣相望秋七月初五日大風拔木冬大疫

丁酉 十七年大旱自五月至七月不雨秋九月蝗蝻生

戊戌 十八年王學洙妻高氏年九十歲五世同堂

己亥 十九年春久陰害麥夏五月二十六日風雨城東羅家村墜一龍鱗甲皆見壞田禾數十畝逾時復一龍引之而升秋七月淫雨損民居附貢生王翼周年百歲

庚子 二十年夏旱蝗秋淫雨損禾

辛丑 二十一年春正月二十六日大風雪飛沙成堆屋瓦交飛行人多凍死夏六月雨雹秋大熟

壬寅 二十二年夏四月淫雨損麥十三日小珠山大雨雹秋有年

癸卯 二十三年春三月膠西書院災正樓及配樓皆燬冬癘氣盛行傷童幼甚多

甲辰 二十四年春夏多雨損麥冬十二月二十八日夜子刻雷電

乙巳 二十五年夏有麥北鄙蝗不傷稼秋大熟李正仁妻唐氏年百有三歲五世同堂監生孫廷連妻王氏年百歲王秀章妻李氏年百歲（前志無王秀章妻）

丙午 二十六年姜廷瓚年八十七歲五世同堂（以上前志）

辛亥 文宗咸豐元年趙緒年九十八歲五世同堂

二年丁世寬年九十歲五世同堂

辛酉 十一年春二月燐火晝現（高辛元南匪誌略每晚燐火遍野不甚避人漸至白晝亦現南山東鄉尤多）

丙寅 穆宗同治五年王大民一百二歲弟大展年百歲均五世同堂

庚午 九年靈山衛進士王應蔚母劉氏年九十七歲五世同堂

乙亥 德宗光緒元年王愷妻于氏年九十四歲五世同堂

丙子 二年大旱饑

丁丑 三年于鳳來年八十五歲五世同堂

己卯 五年楊璞妻夏氏八十五歲五世同堂

六年聖廟隨朝伴官王熉妻趙氏年九十二歲五世同堂

十一年大水

戊子 十四年夏四月大雨雹傷麥五月地震通志

己丑 十五年靈山衛進士王應蔚妻逄氏年八十七歲五世同堂

庚寅 十六年秋七月疫

壬辰 十八年夏五月大雨害豆苗

膠縣大同印刷社排印

癸巳　十九年秋七月飛蝗蔽日秫稻被食一空

丁酉　二十三年監生張元綏年九十五歲五世同堂

戊戌　二十四年鄉飲耆賓陳志山年七十九歲五世同堂

己亥　二十五年春大旱秋七月蝗害稼刁煥章妻閻氏年九十二歲五世同堂

庚子　二十六年秋有黑蟲徧地食穀穗幾盡

辛丑　二十七年王續倫年九十六歲五世同堂

壬寅　二十八年大水秋七月疫

癸卯　二十九年春正月雷電徐守綱妻宋氏年九十一歲五世同堂李中山妻姜氏年八十八歲五世同堂

甲辰　三十年附貢生候選訓導孫彝炳妻陳氏年一百零一歲王慶安

妻卜氏年九十五歲五世同堂

乙巳 三十一年儒童臧永連妻張氏八十六歲五世同堂

丙午 三十二年冬地震葉廷初妻王氏年百歲

丁未 三十三年大水姜本恕妻王氏年百歲

己酉 宣統帝元年四品封典李金斗妻欒氏年一百零五歲壽民胡玉階年百歲

庚戌 二年春正月空中有聲如雷鳴自東南而西北十二月晦大雨終夜河水暴漲鄉飲耆賓匡志懋年九十歲五世同堂

辛亥 三年春正月大疫西人名為鼠疫秋連月大雨河水漲溢

中華民國三年春三月靈山島海雲變化望若城市忽隱忽現竟日始滅昔人稱為海市疑即此是年大水

四年夏六月大雨河水漲溢

六年淸候選訓導王六謙妻孫氏年八十八歲五世同堂鄉飲耆賓蕭鉞年八十歲五世同堂

七年秋疫

九年冷繼訓年八十八歲五世同堂

十年春三月無風天色昏黃秋八月日赤色而無光傍晚色愈濃望之如血旬餘始退刁瑞年妻呂氏年八十一歲五世同堂

十一年秋七月大雨雲墨二河漲溢冷繼訓妻楊氏年九十歲五世同堂冷岱年九十六歲五世同堂

十二年大有年劉文英妻趙氏年八十九歲五世同堂靈山衞農人石璋年百歲

十四年劉雲德年八十五歲五世同堂清候選汾州高振本妻于
氏年八十四歲五世同堂清封登仕郎韓殿榮年九十三歲五世
同堂
十五年清鄉飲介賓王錫璋妻賢氏年七十七歲五世同堂

靈縣大同印刷社排印